Jürgen Hermsen

Rechnungswesen und Controlling für IT-Berufe

Arbeitsheft

Lernfeld 11

8. Auflage

Bestellnummer 6497

westermann

Inhalt

Anmerkung

Sollen die EDV-mäßig lösbaren Geschäftsgänge manuell im Hauptbuch bearbeitet werden, so benutzen Sie bitte Seite 94 als Kopiervorlage zur Erstellung der Hauptbuchkonten.

Bildquellenverzeichnis
fotolia.com/Gina Sanders: Cover

Druck: westermann druck GmbH, Braunschweig

service@westermann-berufsbildung.de
www.westermann-berufsbildung.de

Bildungshaus Schulbuchverlage Westermann Schroedel Diesterweg Schöningh Winklers GmbH, Postfach 33 20, 38023 Braunschweig

ISBN 978-3-8045-**6497**-8

2.3 Inventur und Inventar

Aufgabe 10

Inventar der Gust GmbH, Frankfurt	€	€

Aufgabe 11

Inventar der Mobilia GmbH, München	€	€

2.4 Bilanz

Aufgabe 2

Aktiva	Bilanz zum 31. Dezember 20.. Passiva

Hannover, 31. Dezember 20..

Aufgabe 3 (Bilanz zum Inventar der Aufgabe 10)

Aktiva	Bilanz Passiva

Aufgabe 3 (Bilanz zum Inventar der Aufgabe 11)

Aktiva	**Bilanz**	Passiva

Aufgabe 4 a)

Aktiva	**Bilanz**	Passiva

Aufgabe 5 a)

Aktiva	**Bilanz**	Passiva

2.5.1 Die vier Möglichkeiten der Bilanzveränderung

Aufgabe 3

Aktiva	Ausgangsbilanz		Passiva
Maschinen		Eigenkapital	
Rohstoffe		Darlehensschulden	
Fertigerzeugnisse		Verbindlichkeiten a. LL	
Forderungen a. LL			
Kasse			
Postbank			
Guthaben bei Kreditinstituten (Bank)			

Aktiva	Bilanz 1		Passiva
Maschinen		Eigenkapital	
Rohstoffe		Darlehensschulden	
Fertigerzeugnisse		Verbindlichkeiten a. LL	
Forderungen a. LL			
Kasse			
Postbank			
Guthaben bei Kreditinstituten (Bank)			

Aktiva	Bilanz 2		Passiva
Maschinen		Eigenkapital	
Rohstoffe		Darlehensschulden	
Fertigerzeugnisse		Verbindlichkeiten a. LL	
Forderungen a. LL			
Kasse			
Postbank			
Guthaben bei Kreditinstituten (Bank)			

Aktiva	Bilanz 3		Passiva
Maschinen		Eigenkapital	
Rohstoffe		Darlehensschulden	
Fertigerzeugnisse		Verbindlichkeiten a. LL	
Forderungen a. LL			
Kasse			
Postbank			
Guthaben bei Kreditinstituten (Bank)			

Aktiva	Bilanz 4	Passiva
Maschinen		Eigenkapital
Rohstoffe		Darlehensschulden
Fertigerzeugnisse		Verbindlichkeiten a. LL
Forderungen a. LL		
Kasse		
Postbank		
Guthaben bei Kreditinstituten (Bank)		

Aktiva	Bilanz 5	Passiva
Maschinen		Eigenkapital
Rohstoffe		Darlehensschulden
Fertigerzeugnisse		Verbindlichkeiten a. LL
Forderungen a. LL		
Kasse		
Postbank		
Guthaben bei Kreditinstituten (Bank)		

Aufgabe 4

Aktiva	Ausgangsbilanz	Passiva
Bebaute Grundstücke		Eigenkapital
Maschinen		Hypothekenschulden
Rohstoffe		Darlehensschulden
Forderungen a. LL		Verbindlichkeiten a. LL
Kasse		
Guthaben bei Kreditinstituten (Bank)		

Aktiva	Bilanz 1	Passiva
Bebaute Grundstücke		Eigenkapital
Maschinen		Hypothekenschulden
Rohstoffe		Darlehensschulden
Forderungen a. LL		Verbindlichkeiten a. LL
Kasse		
Guthaben bei Kreditinstituten (Bank)		

Fortsetzung von Aufgabe 4

Aktiva	Bilanz 2		Passiva
Bebaute Grundstücke		Eigenkapital	
Maschinen		Hypothekenschulden	
Rohstoffe		Darlehensschulden	
Forderungen a. LL		Verbindlichkeiten a. LL	
Kasse			
Guthaben bei Kreditinstituten (Bank)			

Aktiva	Bilanz 3		Passiva
Bebaute Grundstücke		Eigenkapital	
Maschinen		Hypothekenschulden	
Rohstoffe		Darlehensschulden	
Forderungen a. LL		Verbindlichkeiten a. LL	
Kasse			
Guthaben bei Kreditinstituten (Bank)			

Aktiva	Bilanz 4		Passiva
Bebaute Grundstücke		Eigenkapital	
Maschinen		Hypothekenschulden	
Rohstoffe		Darlehensschulden	
Forderungen a. LL		Verbindlichkeiten a. LL	
Kasse			
Guthaben bei Kreditinstituten (Bank)			

Aktiva	Bilanz 5		Passiva
Bebaute Grundstücke		Eigenkapital	
Maschinen		Hypothekenschulden	
Rohstoffe		Darlehensschulden	
Forderungen a. LL		Verbindlichkeiten a. LL	
Kasse			
Guthaben bei Kreditinstituten (Bank)			

2.5.2 Von der Eröffnung der Bestandskonten bis zum Abschluss der Bestandskonten

Aufgabe 2

S	H
	Schlussbestand

S	H
	Bestandsmehrung

Aufgabe 4

S Guthaben bei Kreditinstituten (Bank)	H

Aufgabe 5

S Verbindlichkeiten a. LL	H

Aufgabe 6

Aktiva Bilanz	Passiva

S Forderungen a. LL	H

S Maschinen	H

S Guthaben bei Kreditinstituten (Bank)	H

S Rohstoffe	H

S Eigenkapital	H

S	Darlehensschulden	H

Aktiva	Bilanz	Passiva

S	Verbindlichkeiten a. LL	H

Aufgabe 7

Aktiva	Bilanz	Passiva

S	Maschinen	H

S	Rohstoffe	H

S	Forderungen a. LL	H

S	Kasse	H

S	Guthaben bei Kreditinstituten (Bank)	H

S	Eigenkapital	H

S	Darlehensschulden	H

S	Verbindlichkeiten a. LL	H

Aktiva	Bilanz	Passiva

Aufgabe 8

Aktiva	Bilanz	Passiva

S	Bebaute Grundstücke	H

S	Maschinen	H

S	Rohstoffe	H

S	Forderungen a. LL	H

S	Kasse	H

S	Postbank	H

S	Guthaben bei Kreditinstituten (Bank)	H

S	Eigenkapital	H

S	Hypothekenschulden	H

S	Darlehensschulden	H

S	Verbindlichkeiten a. LL	H

Aktiva	Bilanz	Passiva

2.5.4 Eröffnungsbilanzkonto und Schlussbilanzkonto

Aufgabe 3 a), 3 b)

Bilanz

Aktiva	Passiva

Eröffnungsbilanzkonto

S	H

Maschinen

S	H

Rohstoffe

S	H

Forderungen a. LL

S	H

Kasse

S	H

Guthaben bei Kreditinstituten (Bank)

S	H

Eigenkapital

S	H

Langfristige Bankverbindlichkeiten

S	H

Verbindlichkeiten a. LL

S	H

Schlussbilanzkonto

S	H

Bilanz

Aktiva	Passiva

Aufgabe 4 a), 4 b)

Aktiva	Bilanz / Passiva

S	Eröffnungsbilanzkonto / H

S	Maschinen / H

S	Geschäftsausstattung / H

S	Rohstoffe / H

S	Forderungen a. LL / H

S	Kasse / H

S	Guthaben bei Kreditinstituten (Bank) / H

S	Eigenkapital / H

S	Langfristige Bankverbindlichkeiten / H

S	Verbindlichkeiten a. LL / H

S	Schlussbilanzkonto / H

Aktiva	Bilanz / Passiva

Aufgabe 4

Setzen Sie auf die gestrichelten Linien die folgenden Begriffe sinngemäß ein:

Verlust, Verlust, Gewinn, Aufwand, Ertrag, Aufwandskonten, Ertragskonten, Aufwandskonto, Ertragskonto, Gewinn- und Verlustkonto, Anfangsbestand, Anfangsbestand, Schlussbestand, Schlussbestand, Bestandsmehrungen, Bestandsmehrungen, Bestandsminderungen, Bestandsminderungen, Bestandsminderungen, aktives Bestandskonto, passives Bestandskonto, aktiven Bestandskonten, passiven Bestandskonten, Schlussbilanzkonto, Erfolgskonten, Bestandskonten.

Übersicht über die Konten der Buchführung

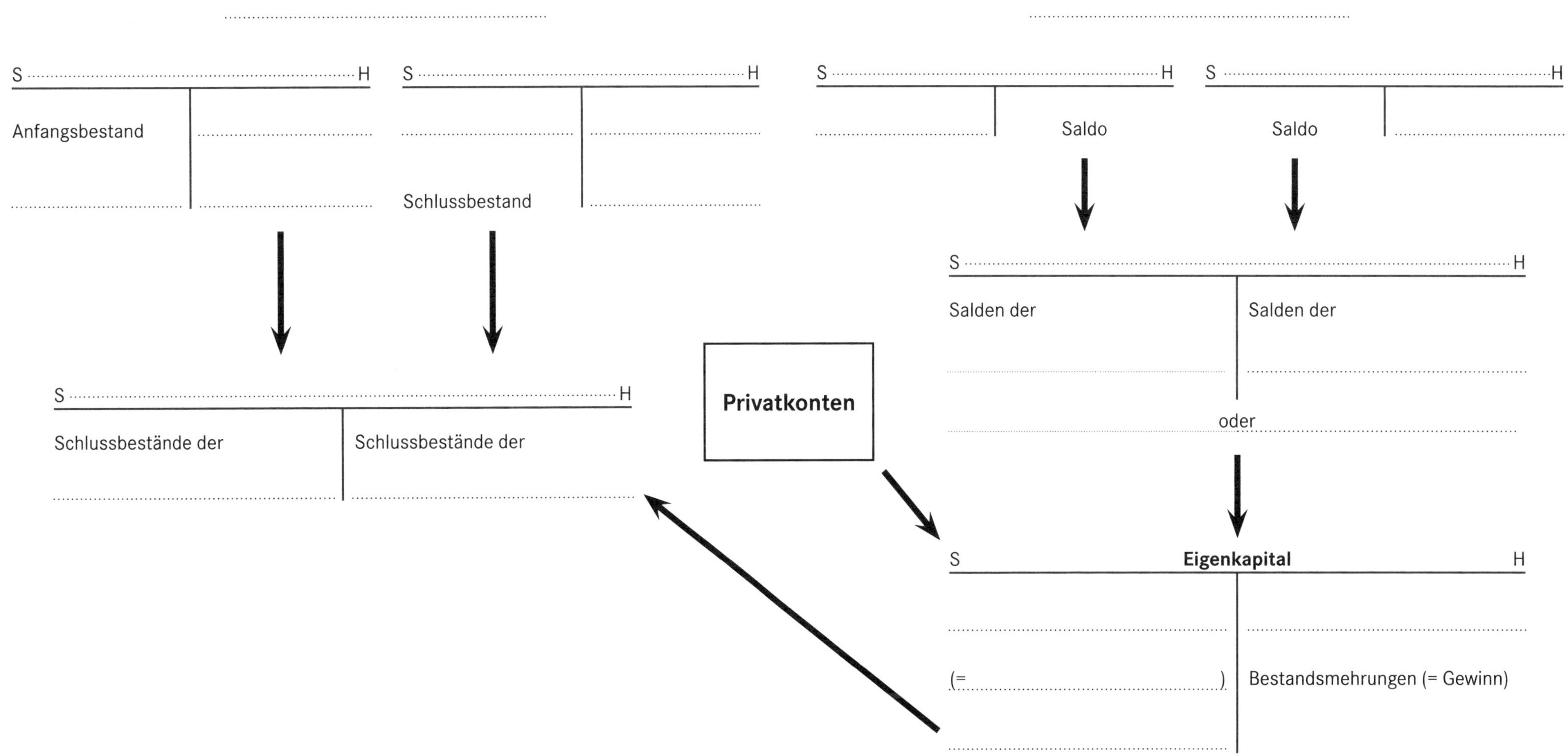

Aufgabe 5

Grundbuch

Nr.	Text	Soll	Haben

Hauptbuch

S	Löhne	H

S	Büromaterial	H

S	Mietaufwendungen	H

S	Gewinn- und Verlustkonto	H

S	Zinserträge	H

S	Provisionserträge	H

Aufgabe 7

S	Eröffnungsbilanzkonto	H

S	Forderungen a. LL	H

S	Kasse	H

S	Maschinen	H

S	Guthaben bei Kreditinstituten (Bank)	H

S	Rohstoffe	H

S	Eigenkapital	H

S	Langfristige Bankverbindlichkeiten	H

S	Verbindlichkeiten a. LL	H

S	Büromaterial	H

S	Zinsaufwendungen	H

S	Löhne	H

S	Zinserträge	H

S	Provisionserträge	H

S	Gewinn- und Verlustkonto	H

S	Schlussbilanzkonto	H

Aufgabe 8

S	Eröffnungsbilanzkonto	H

S	Maschinen	H

S	Geschäftsausstattung	H

S	Rohstoffe	H

S	Forderungen a. LL	H

S	Kasse	H

S	Guthaben bei Kreditinstituten (Bank)	H

S	Eigenkapital	H

S	Langfristige Bankverbindlichkeiten	H

S	Verbindlichkeiten a. LL	H

S	Aufwendungen für Verpackungsmaterial	H

S	Aufwendungen für Beiträge	H

S	Zinsaufwendungen	H

S	Mietaufwendungen	H

S	Büromaterial	H

S	Nebenerlöse aus Vermietung und Verpachtung	H

S	Provisionserträge	H

S	Gewinn- und Verlustkonto	H

S	Schlussbilanzkonto	H

2.6 Besonderheiten der Erfolgsermittlung im Handelsbetrieb

Aufgabe 5

(Bestandsrechnerisches Verfahren)

Grundbuch

Nr.	Text	Soll	Haben
1.			
2.			
3.			
4.			

Hauptbuch

S	Waren	H

S	Umsatzerlöse für Waren	H

Fortsetzung von Aufgabe 5

S	Aufwendungen für Waren	H

S	Schlussbilanzkonto	H

S	Gewinn- und Verlustkonto	H

Errechnung von Kalkulationszuschlag und Handelsspanne:

(Aufwandsrechnerisches Verfahren)

Grundbuch

Nr.	Text	Soll	Haben
1.			
2.			
3.			
4.			

Hauptbuch

S	Waren	H

S	Aufwendungen für Waren	H

S	Gewinn- und Verlustkonto	H

S	Umsatzerlöse für Waren	H

S	Schlussbilanzkonto	H

Errechnung von Kalkulationszuschlag und Handelsspanne:

Aufgabe 6

S Eröffnungsbilanzkonto H

S Betriebs- und Geschäftsausstattung H

S Waren H

S Forderungen a. LL H

S Kasse H

S Guthaben bei Kreditinstituten (Bank) H

S Eigenkapital H

S Langfristige Bankverbindlichkeiten H

S Verbindlichkeiten a. LL H

S Gehälter H

S Zinsaufwendungen H

S Büromaterial H

S Telekommunikationskosten H

S Aufwendungen für Waren H

S Mietaufwendungen H

S Umsatzerlöse für Waren H

S Zinserträge H

S Gewinn- und Verlustkonto H

S Schlussbilanzkonto H

2.7.1 Der Verbrauch von Werkstoffen

Aufgabe 3

Grundbuch

Nr.	Text	Soll	Haben
1.			
2.			
3.			
4.			
5.			
6.			

Hauptbuch

S	Aufwendungen für Rohstoffe	H

S	Aufwendungen für Hilfsstoffe	H

S	Aufwendungen für Betriebsstoffe	H

S	Rohstoffe	H

S	Hilfsstoffe	H

S	Betriebsstoffe	H

S	Gewinn- und Verlustkonto	H

S	Schlussbilanzkonto	H

Aufgabe 6

Buchungssätze (für Geschäftsfälle):

Nr.	Text	Soll	Haben
1.			
2.			
3.			
4.			

Buchungssätze (für Verbrauch an Werkstoffen):

Nr.	Text	Soll	Haben
1.			
2.			
3.			
4.			

S	Aufwendungen für Rohstoffe	H

S	Aufwendungen für Fremdbauteile	H

S	Aufwendungen für Hilfsstoffe	H

S	Aufwendungen für Betriebsstoffe	H

S	Rohstoffe	H

S	Fremdbauteile	H

S	Hilfsstoffe	H

S	Betriebsstoffe	H

S	Gewinn- und Verlustkonto	H

S	Schlussbilanzkonto	H

Aufgabe 7

Buchungssätze (für Geschäftsfälle):

Nr.	Text	Soll	Haben
1.			
2.			
3.			
4.			

Buchungssätze (für Bestandsveränderungen):

Nr.	Text	Soll	Haben
1.			
2.			
3.			
4.			

S	Aufwendungen für Rohstoffe	H

S	Aufwendungen für Fremdbauteile	H

S	Aufwendungen für Hilfsstoffe	H

S	Aufwendungen für Betriebsstoffe	H

S	Rohstoffe	H

S	Fremdbauteile	H

S	Hilfsstoffe	H

S	Betriebsstoffe	H

S	Gewinn- und Verlustkonto	H

S	Schlussbilanzkonto	H

Aufgabe 8

S	Rohstoffe		H
AB	100.000,00		

S	Aufwendungen für Rohstoffe		H
Verb. a. LL	70.000,00		

Lösung für die eingeklammerte Zahl:

S	Rohstoffe		H
AB	100.000,00		

S	Aufwendungen für Rohstoffe		H
Verb. a. LL	70.000,00		

Aufgabe 9

Buchungssätze (für Geschäftsfälle):

Nr.	Text	Soll	Haben
1.			
2.			
3.			

Nr.	Text	Soll	Haben
4.			
5.			
6.			
7.			

Buchungssätze (für Abschlussangaben):

Nr.	Text	Soll	Haben
b)			
c)			
d)			

S	Aufwendungen für Rohstoffe		H

S	Aufwendungen für Betriebsstoffe		H

S	Rohstoffe		H

S	Aufwendungen für Hilfsstoffe		H

S	Hilfsstoffe	H

S	Gewinn- und Verlustkonto	H

S	Betriebsstoffe	H

S	Schlussbilanzkonto	H

Aufgabe 10

S	Maschinen	H

S	Guthaben bei Kreditinstituten (Bank)	H

S	Rohstoffe	H

S	Eigenkapital	H

S	Fremdbauteile	H

S	Langfristige Bankverbindlichkeiten	H

S	Betriebsstoffe	H

S	Verbindlichkeiten a. LL	H

S	Forderungen a. LL	H

S	Kasse	H

S	Aufwendungen für Rohstoffe	H

S	Aufwendungen für Fremdbauteile	H

S	Aufwendungen für Betriebsstoffe	H

S	Löhne	H

S	Gehälter	H

S	Büromaterial	H

S	Zinsaufwendungen	H

S	Mietaufwendungen	H

S	Fremdinstandhaltung	H

S	Umsatzerlöse für eigene Erzeugnisse	H

S	Gewinn- und Verlustkonto	H

S	Schlussbilanzkonto	H

2.7.2 Bestandsveränderungen fertiger und unfertiger Erzeugnisse

Aufgabe 2 (I)

S	Unfertige Erzeugnisse	H

S	Fertige Erzeugnisse	H

S	Bestandsveränderungen an unfertigen Erzeugnissen	H

S	Bestandsveränderungen an fertigen Erzeugnissen	H

S	Gewinn- und Verlustkonto	H

Aufgabe 2 (II)

S	Unfertige Erzeugnisse	H

S	Bestandsveränderungen an unfertigen Erzeugnissen	H

S	Bestandsveränderungen an fertigen Erzeugnissen	H

S	Gewinn- und Verlustkonto	H

S	Fertige Erzeugnisse	H

Aufgabe 2 (III)

S	Unfertige Erzeugnisse	H

S	Bestandsveränderungen an unfertigen Erzeugnissen	H

S	Bestandsveränderungen an fertigen Erzeugnissen	H

S	Gewinn- und Verlustkonto	H

S	Fertige Erzeugnisse	H

Aufgabe 3

Buchungssätze (für Bestandsveränderungen):

Nr.	Text	Soll	Haben
1.			
2.			

Abschlussbuchungssätze (für Bestandsveränderungskonten):

Nr.	Text	Soll	Haben
1.			
2.			

Fortsetzung von Aufgabe 3

S	Unfertige Erzeugnisse	H

S	Fertige Erzeugnisse	H

S	Bestandsveränderungen an unfertigen Erzeugnissen	H

S	Bestandsveränderungen an fertigen Erzeugnissen	H

S	Gewinn- und Verlustkonto	H

Aufgabe 4

S	Maschinen	H

S	Rohstoffe	H

S	Betriebsstoffe	H

S	Unfertige Erzeugnisse	H

S	Fertige Erzeugnisse	H

S	Forderungen a. LL	H

S	Kasse	H

S	Postbank	H

S	Eigenkapital	H

S	Langfristige Bankverbindlichkeiten	H

S	Verbindlichkeiten a. LL	H

S	Umsatzerlöse für eigene Erzeugnisse	H

S	Bestandsveränderungen an unfertigen Erzeugnissen	H

S	Bestandsveränderungen an fertigen Erzeugnissen	H

S	Aufwendungen für Rohstoffe	H

S	Aufwendungen für Betriebsstoffe	H

S	Löhne	H

S	Gehälter	H

S	Leasing	H

S	Provisionsaufwendungen	H

S	Büromaterial	H

S	Verluste aus Kassenbeständen	H

S	Portokosten	H

S	Reisekosten	H

S	Gewinn- und Verlustkonto	H

S	Schlussbilanzkonto	H

2.8 Die Umsatzsteuer

Aufgabe 4 (I)

S	Forderungen a. LL	H

S	Rohstoffe[1]/Aufwendungen für Rohstoffe[1]	H

S	Vorsteuer	H

S	Verbindlichkeiten a. LL	H

S	Umsatzerlöse für eigene Erzeugnisse	H

S	Umsatzsteuer	H

Buchungssatz:

Text	Soll	Haben

1 Buchen Sie nach dem bestandsrechnerischen Verfahren, so streichen Sie die Kontenbezeichnung „Aufwendungen für Rohstoffe“. Buchen Sie nach dem aufwandsrechnerischen Verfahren, so streichen Sie die Kontenbezeichnung „Rohstoffe“.

Aufgabe 4 (II)

S	Forderungen a. LL	H

S	Verbindlichkeiten a. LL	H

S	Rohstoffe[1]/Aufwendungen für Rohstoffe[1]	H

S	Umsatzerlöse für eigene Erzeugnisse	H

S	Vorsteuer	H

S	Umsatzsteuer	H

1 Buchen Sie nach dem bestandsrechnerischen Verfahren, so streichen Sie die Kontenbezeichnung „Aufwendungen für Rohstoffe". Buchen Sie nach dem aufwandsrechnerischen Verfahren, so streichen Sie die Kontenbezeichnung „Rohstoffe".

Buchungssatz:

Text	Soll	Haben

Aufgabe 5

Nr.	Text	Soll	Haben
1.	Buchung der AR der Grundstoffindustrie		
2.	Buchung der ER der verarb. Industrie		
3.	Buchung der AR der verarb. Industrie		

Nr.	Text	Soll	Haben
4.	Buchung der ER des Großhandels		
5.	Buchung der AR des Großhandels		
6.	Buchung der ER des Einzelhandels		
7.	Buchung der AR des Einzelhandels		

AR = Ausgangsrechnung
ER = Eingangsrechnung

Absatzstufen	Ausgangsrechnung (= Eingangsrechnung der nachfolgenden Absatzstufe)	Umsatzsteuer	Vorsteuer	Zahllast (= 19 % vom Mehrwert)	Mehrwert
Grundstoffindustrie	Nettopreis .... 40.000,00 € + 19 % USt .... 7.600,00 € Bruttopreis .... 47.600,00 €				
verarbeitende Industrie	Nettopreis .... 100.000,00 € + 19 % USt .... 19.000,00 € Bruttopreis .... 119.000,00 €				
Großhandel	Nettopreis .... 120.000,00 € + 19 % USt .... 22.800,00 € Bruttopreis .... 142.800,00 €				
Einzelhandel	Nettopreis .... 130.000,00 € + 19 % USt .... 24.700,00 € Bruttopreis .... 154.700,00 €				

Aufgabe 6

S	Maschinen	H

S	Fuhrpark	H

S	Rohstoffe	H

S	Hilfsstoffe	H

S	Unfertige Erzeugnisse	H

S	Fertige Erzeugnisse	H

S	Kasse	H

S	Vorsteuer	H

S	Forderungen a. LL	H

S	Postbank	H

S	Guthaben bei Kreditinstituten (Bank)	H

S	Eigenkapital	H

S	Langfristige Bankverbindlichkeiten	H

S	Verbindlichkeiten a. LL	H

S	Umsatzsteuer	H

S	Aufwendungen für Rohstoffe	H

S	Aufwendungen für Hilfsstoffe	H

S	Büromaterial	H

S	Fremdinstandhaltung	H

S	Löhne	H

S	Werbung	H

S	Zinserträge	H

S	Umsatzerlöse für eigene Erzeugnisse	H

S	Bestandsveränderungen an unfertigen Erzeugnissen	H

S	Bestandsveränderungen an fertigen Erzeugnissen	H

S	Gewinn- und Verlustkonto	H

S	Schlussbilanzkonto	H

2.9 Das Privatkonto

Aufgabe 4 (I)

S	Gewinn- und Verlustkonto	H

S	Privatkonto	H

S	Eigenkapital	H

Aufgabe 4 (II)

S	Gewinn- und Verlustkonto	H

S	Privatkonto	H

S	Eigenkapital	H

Aufgabe 9

S	Technische Anlagen und Maschinen	H

S	Fuhrpark	H

S	Geschäftsausstattung	H

S	Rohstoffe	H

S	Betriebsstoffe	H

S	Unfertige Erzeugnisse	H

S	Fertige Erzeugnisse	H

S	Forderungen a. LL	H

S	Vorsteuer	H

S	Guthaben bei Kreditinstituten (Bank)	H

S	Kasse	H

S	Eigenkapital	H

S	Privatkonto	H

S	Langfristige Bankverbindlichkeiten	H

S	Verbindlichkeiten a. LL	H

S	Umsatzsteuer	H

S	Umsatzerlöse für eigene Erzeugnisse	H

S	Bestandsveränderungen an unfertigen Erzeugnissen	H

S	Bestandsveränderungen an fertigen Erzeugnissen	H

S	Entnahme von Gegenständen und sonstigen Leistungen	H

S	Vertriebsprovisionen	H

S	Löhne	H

S	Büromaterial	H

S	Zeitungen und Fachliteratur	H

S	Zinsaufwendungen	H

S	Aufwendungen für Rohstoffe	H

S	Aufwendungen für Betriebsstoffe	H

Fortsetzung von Aufgabe 9

S	Gewinn- und Verlustkonto	H

S	Schlussbilanzkonto	H

2.11 Kontenrahmen, Kontenplan

Aufgabe 5

S	0720 Anlagen und Maschinen der mechanischen Materialbearbeitung, -verarbeitung und -umwandlung	H

S	0860 Büromaschinen, Organisationsmittel und Kommunikationsanlagen	H

S	2000 Rohstoffe	H

S	2020 Hilfsstoffe	H

S	2100 Unfertige Erzeugnisse	H

S	2200 Fertige Erzeugnisse	H

S	2400 Forderungen a. LL	H

S	2600 Vorsteuer	H

S	2800 Guthaben bei Kreditinstituten (Bank)	H

S	2880 Kasse	H

S	3000 Eigenkapital	H

S	3001 Privatkonto	H

S	4250 Langfristige Bankverbindlichkeiten	H

S	4400 Verbindlichkeiten a. LL	H

S	4800 Umsatzsteuer	H

S	5000 Umsatzerlöse für eigene Erzeugnisse	H

S	5201 Bestandsveränderungen an unfertigen Erzeugnissen	H

S	5202 Bestandsveränderungen an fertigen Erzeugnissen	H

S	5420 Entnahme von Gegenständen und sonstigen Leistungen	H

S	6000 Aufwendungen für Rohstoffe	H

S	6020 Aufwendungen für Hilfsstoffe	H

S	6060 Aufwendungen für Reparaturmaterial	H

S	6100 Fremdleistungen für Erzeugnisse	H

S	6200 Löhne	H

S	6800 Büromaterial	H

S	8010 Schlussbilanzkonto	H

S	8020 Gewinn- und Verlustkonto	H

2.12 Die Buchführungsbücher

Aufgabe 2

Kunde: Söffgen OHG, Kunden-Nr.: 24 001					
Datum	Beleg	Buchungstext	Soll	Haben	Saldo

Aufgabe 3

Lieferant: Bernhard Müller OHG, Lieferanten-Nr.: 44 001					
Datum	Beleg	Buchungstext	Soll	Haben	Saldo

Aufgabe 4 a), c)

S	2400 Forderungen a. LL H

Aufgabe 4 b)

Kunde: Söffgen OHG, Kunden-Nr.: 24 001					
Datum	Beleg	Buchungstext	Soll	Haben	Saldo

Kunde: Gertrud Schön e. Kffr., Kunden-Nr.: 24 002					
Datum	Beleg	Buchungstext	Soll	Haben	Saldo

Aufgabe 4 d)

Kunden-Nr.	Kunden	Salden
Saldensumme		

Aufgabe 5 a), c)

S	4400 Verbindlichkeiten a. LL	H

Aufgabe 5 b)

Lieferant: Bernhard Müller OHG, Lieferanten-Nr.: 44 001					
Datum	Beleg	Buchungstext	Soll	Haben	Saldo

Lieferant: Emut GmbH, Lieferanten-Nr.: 44 002					
Datum	Beleg	Buchungstext	Soll	Haben	Saldo

Aufgabe 5 d)

Lieferanten-Nr.	Lieferant	Salden
Saldensumme		

Aufgabe 6 a), b)

a)

Handelsware: Jeansjacke RJ			Bestellbestand: 60 Eiserne Reserve: 20	
Datum	Beleg	Bestandsmehrung/Stück	Bestandsminderung/Stück	Bestand/Stück

b) Wertmäßiger Inventurbestand: ______________________

Aufgabe 7

S	0720 Anlagen und Maschinen der mechanischen Materialbearbeitung, -verarbeitung und -umwandlung	H

S	0860 Büromaschinen, Organisationsmittel und Kommunikationsanlagen	H

S	2000 Rohstoffe	H

S	2030 Betriebsstoffe	H

S	2100 Unfertige Erzeugnisse	H

S	2200 Fertige Erzeugnisse	H

S	2400 Forderungen a. LL	H

S	2600 Vorsteuer	H

S	2800 Guthaben bei Kreditinstituten (Bank)	H

S	2880 Kasse	H

S	3000 Eigenkapital	H

S	3001 Privatkonto	H

S	4250 Langfristige Bankverbindlichkeiten	H

S	4400 Verbindlichkeiten a. LL	H

S	4800 Umsatzsteuer	H

S	5000 Umsatzerlöse für eigene Erzeugnisse	H

S	5201 Bestandsveränderungen an unfertigen Erzeugnissen	H

Fortsetzung von Aufgabe 7

S	5202 Bestandsveränderungen an fertigen Erzeugnissen	H

S	6000 Aufwendungen für Rohstoffe	H

S	6030 Aufwendungen für Betriebsstoffe	H

S	6160 Fremdinstandhaltung	H

S	6200 Löhne	H

S	6700 Mieten, Pachten	H

S	8010 Schlussbilanzkonto	H

S	8020 Gewinn- und Verlustkonto	H

Kundenbuch

Kunde: Söffgen OHG, Kunden-Nr.: 24 001

Beleg-Nr.	Buchungstext	Soll	Haben	Saldo

Kunde: Gertrud Schön e. Kffr., Kunden-Nr.: 24 002

Beleg-Nr.	Buchungstext	Soll	Haben	Saldo

Debitorensaldenliste

Kunden-Nr.	Kunden	Salden
Saldensumme		

Lieferantenbuch

Lieferant: Bernhard Müller OHG, Lieferanten-Nr.: 44 001				
Beleg-Nr.	**Buchungstext**	**Soll**	**Haben**	**Saldo**

Lieferant: Winter GmbH, Lieferanten-Nr.: 44 003				
Beleg-Nr.	**Buchungstext**	**Soll**	**Haben**	**Saldo**

Kreditorensaldenliste

Lieferanten-Nr.	Lieferant	Salden
Saldensumme		

2.15 Personalwirtschaft

Aufgabe 1

1.

Sozialversicherungsbeitragssoll: ____________________

Nr.	Text	Soll	Haben

2.

Name	Steuer-klasse	Brutto-gehalt	Steuern			Arbeitnehmeranteil zur Sozialvers.				Netto-gehalt
			LSt	SoZ	KiSt	KV	PV	RV	AV	
H. Aust										
A. Schuster										
G. Mönkemeyer										
Summe										

Arbeitnehmeranteil zur Sozialversicherung: ______________________

Arbeitgeberanteil zur Sozialversicherung: ______________________

Sonstige Verbindlichkeiten gegenüber Finanzbehörden: ______________________

3.
Buchungssätze:

Nr.	Text	Soll	Haben

4.

S	2640 SV-Beitragsvorauszahlung		H
...	...	...	...

Erklärung: ______________________

____

____

____

____

____

____

____

____

____

5.

Nr.	Text	Soll	Haben

6.

____

2.16 Anlagenwirtschaft

Aufgabe 4

Buchungssätze für Abschreibungen:

Nr.	Text	Soll	Haben
1.			
2.			
3.			
4.			

S	6520 Abschreibungen auf Sachanlagen	H

S	0510 Bebaute Grundstücke	H
AB	470.000,00	

S	0840 Fuhrpark	H
AB	120.000,00	

S	0720 Maschinen	H
AB	180.000,00	

S	0870 Sonstige Geschäftsausstattung	H
AB	85.000,00	

Aufgabe 6 a), b), c), d), e), f), g)

	linear ________ %	degressiv ________ %
Anschaffungskosten – Abschreibung 1. Jahr		
Wert am Ende des 1. Jahres – Abschreibung 2. Jahr		
Wert am Ende des 2. Jahres – Abschreibung 3. Jahr		
Wert am Ende des 3. Jahres – Abschreibung 4. Jahr		
Wert am Ende des 4. Jahres – Abschreibung 5. Jahr		
Wert am Ende des 5. Jahres – Abschreibung 6. Jahr		
Wert am Ende des 6. Jahres		

c)

S	0840 Fuhrpark	H

d)

S	0840 Fuhrpark	H

e) lineare Abschreibung:

Text	Soll	Haben

degressive Abschreibung:

Text	Soll	Haben

f) lineare Abschreibung:

Text	Soll	Haben

degressive Abschreibung:

Text	Soll	Haben

g)

Text	Soll	Haben

Aufgabe 11

Anschaffungskosten **– Abschreibung 1. Jahr**		
Anfangsbestand 2. Jahr **– Abschreibung 2. Jahr**		
Anfangsbestand 3. Jahr **– Abschreibung 3. Jahr**		
Anfangsbestand 4. Jahr **– Abschreibung 4. Jahr**		

Aufgabe 13 a), b), c)

a) Buchungssätze:

Nr.	Text	Soll	Haben
1.			
2.			
3.			
4.			

b)

S	0880 Geringwertige Vermögensgegenstände der Betriebs- und Geschäftsausstattung H

c) Abschlussbuchungssatz für 0880:

Text	Soll	Haben

Aufgabe 15[1]

GWG, Anschaffungskosten am 03.01.20..	Nutzungsdauer	Wahlrechte	Gewinnminderung im Anschaffungsjahr	Aufzeichnungspflicht
120,00 €	6 Jahre			
900,00 €	3 Jahre			
400,00 €	8 Jahre	Sofortabschreibung	400,00 €	ja
990,00 €	9 Jahre			
140,00 €	5 Jahre			
360,00 €	3 Jahre			

3.1 Der Jahresabschluss bei offenlegungspflichtigen Unternehmen

Aufgabe 2

Aktiva	Bilanz				Passiva
	Berichtsjahr	Vorjahr		Berichtsjahr	Vorjahr
A. Anlagevermögen I. Immaterielle Vermögensgegenstände			A. Eigenkapital I. Gezeichnetes Kapital		
II. Sachanlagen			II. Kapitalrücklagen		
III. Finanzanlagen			III. Gewinnrücklagen		
B. Umlaufvermögen I. Vorräte			IV. Gewinnvortrag		
II. Forderungen und sonstige Vermögensgegenstände			V. Jahresüberschuss		
III. Wertpapiere			B. Rückstellungen		
IV. Kassenbestände, Bundesbankguthaben, Guthaben bei Kreditinstituten und Schecks			C. Verbindlichkeiten		

1 Falls die Poolabschreibungsmethode gewählt wird, muss sie im laufenden Geschäftsjahr für alle GWG mit Anschaffungskosten/Herstellungskosten ab 150,01 € bis 1.000,00 € angewandt werden.

Aufgabe 3

Aktiva		Bilanz			Passiva
	Berichtsjahr	**Vorjahr**		**Berichtsjahr**	**Vorjahr**
A. Anlagevermögen I. Immaterielle Vermögensgegenstände			A. Eigenkapital I. Gezeichnetes Kapital		
II. Sachanlagen			II. Kapitalrücklagen		
III. Finanzanlagen			III. Gewinnrücklagen		
B. Umlaufvermögen I. Vorräte			IV. Gewinnvortrag		
II. Forderungen und sonstige Vermögensgegenstände			V. Jahresüberschuss		
III. Wertpapiere			B. Rückstellungen		
IV. Kassenbestände, Bundesbankguthaben, Guthaben bei Kreditinstituten und Schecks			C. Verbindlichkeiten		

Aufgabe 4 a)

	Berichtsjahr	**Vorjahr**
Umsatzerlöse		
Erhöhung oder Verminderung des Bestands an fertigen und unfertigen Erzeugnissen		
sonstige betriebliche Erträge		
Materialaufwand a) Aufwendungen für Roh-, Hilfs- und Betriebsstoffe und für bezogene Waren		
b) Aufwendungen für bezogene Leistungen		
Personalaufwand a) Löhne und Gehälter		
b) soziale Abgaben und Aufwendungen für Altersversorgung und für Unterstützung		
Abschreibungen auf immaterielle Vermögensgegenstände des Anlagevermögens und Sachanlagen		
sonstige betriebliche Aufwendungen		
sonstige Zinsen und ähnliche Erträge		
Zinsen und ähnliche Aufwendungen		
Ergebnis der gewöhnlichen Geschäftstätigkeit		
außerordentliche Erträge		
außerordentliche Aufwendungen		
außerordentliches Ergebnis		
Steuern vom Einkommen und vom Ertrag		
Jahresüberschuss		

Aufgabe 4 b)

	Berichtsjahr	Vorjahr
Rohergebnis		
Personalaufwand a) Löhne und Gehälter		
b) soziale Abgaben und Aufwendungen für Altersversorgung und für Unterstützung		
Abschreibungen auf immaterielle Vermögensgegenstände des Anlagevermögens und Sachanlagen		
sonstige betriebliche Aufwendungen		
sonstige Zinsen und ähnliche Erträge		
Zinsen und ähnliche Aufwendungen		
Ergebnis der gewöhnlichen Geschäftstätigkeit		
außerordentliche Erträge		
außerordentliche Aufwendungen		
außerordentliches Ergebnis		
Steuern vom Einkommen und vom Ertrag		
Jahresüberschuss		

Aufgabe 5 a)

	Berichtsjahr	Vorjahr
Umsatzerlöse		
Erhöhung oder Verminderung des Bestands an fertigen und unfertigen Erzeugnissen		
sonstige betriebliche Erträge		
Materialaufwand a) Aufwendungen für Roh-, Hilfs- und Betriebsstoffe und für bezogene Waren		
b) Aufwendungen für bezogene Leistungen		
Personalaufwand a) Löhne und Gehälter		
b) soziale Abgaben und Aufwendungen für Altersversorgung und für Unterstützung		
Abschreibungen auf immaterielle Vermögensgegenstände des Anlagevermögens und Sachanlagen		
sonstige betriebliche Aufwendungen		
sonstige Zinsen und ähnliche Erträge		
Zinsen und ähnliche Aufwendungen		
Ergebnis der gewöhnlichen Geschäftstätigkeit		
außerordentliche Erträge		
außerordentliche Aufwendungen		
außerordentliches Ergebnis		
Steuern vom Einkommen und vom Ertrag		
Jahresüberschuss		

Aufgabe 5 b)

	Berichtsjahr	Vorjahr
Rohergebnis		
Personalaufwand a) Löhne und Gehälter		
b) soziale Abgaben und Aufwendungen für Altersversorgung und für Unterstützung		
Abschreibungen auf immaterielle Vermögensgegenstände des Anlagevermögens und Sachanlagen		
sonstige betriebliche Aufwendungen		
sonstige Zinsen und ähnliche Erträge		
Zinsen und ähnliche Aufwendungen		
Ergebnis der gewöhnlichen Geschäftstätigkeit		
außerordentliche Erträge		
außerordentliche Aufwendungen		
außerordentliches Ergebnis		
Steuern vom Einkommen und vom Ertrag		
Jahresüberschuss		

4.2.1 Die unternehmensbezogenen Abgrenzungen in der Ergebnistabelle

Aufgabe 7[1]

Geschäftsbuchführung				Kosten- und Leistungsrechnung					
Erfolgsbereich				Abgrenzungsbereich				Kosten- und Leistungsbereich	
Kto.-Nr.	Konten	Aufwendungen	Erträge	Unternehmensbez. Abgrenzungen		Kostenrechnerische Korrekturen[2]		Kosten	Leistungen
				Aufwendungen	Erträge	Aufwendungen	Erträge		
5000	Umsatzerlöse f. e. E.								
5202	BV an fertigen Erzeugnissen								
5401	Nebenerlöse aus Verm. u. Verp.								
5710	Zinserträge								
6000	Aufwendungen für Rohstoffe								
6200	Löhne								
6400	AG-Anteil zur Sozialversicherung								
6800	Büromaterial								
6960	Verluste a. d. Abgang v. VG								
6990	Periodenfremde Aufwendungen								
7600	Außerordentliche Aufwendungen								
		Gesamtgewinn		Verlust aus unternehmensbezogenen Abgrenzungen				Betriebsgewinn	

1 Bei dieser Aufgabe sind die kostenrechnerischen Korrekturen (siehe Kapitel 4.2.2) noch nicht vorzunehmen.

2 *Anmerkung:* Der Vollständigkeit halber beinhaltet diese Ergebnistabelle auch die Doppelspalte „Kostenrechnerische Korrekturen", obwohl hier zunächst noch keine Eintragungen erfolgen (siehe Kapitel 4.2.2).

Aufgabe 8 a)[1]

Geschäftsbuchführung				Kosten- und Leistungsrechnung					
Erfolgsbereich				Abgrenzungsbereich				Kosten- und Leistungsbereich	
Kto.-Nr.	Konten	Aufwendungen	Erträge	Unternehmensbez. Abgrenzungen		Kostenrechnerische Korrekturen[2]		Kosten	Leistungen
				Aufwendungen	Erträge	Aufwendungen	Erträge		
5000	Umsatzerlöse f. e. E.								
5201	BV an unfertigen Erzeugnissen								
5460	Erträge aus dem Abgang von Vermögensgegenständen								
5490	Periodenfremde Erträge								
5710	Zinserträge								
5780	Erträge aus Wertpapieren des Umlaufvermögens								
6000	Aufwendungen für Rohstoffe								
6010	Aufwendungen für Vorprodukte								
6020	Aufwendungen für Hilfsstoffe								
6030	Aufwendungen für Betriebsstoffe								
6140	Frachten und Fremdlager								
6160	Fremdinstandhaltung								
6200	Löhne								
6300	Gehälter								
6400	Arbeitgeberanteil zur Sozialversicherung (Lohnbereich)								
6410	Arbeitgeberanteil zur Sozialversicherung (Gehaltsbereich)								
6420	Beiträge zur Berufsgenossenschaft								
6520	Abschreibungen auf Sachanlagen								
6600	Aufwendungen für Personaleinstellung								
6800	Büromaterial								
6870	Werbung								
6900	Versicherungsbeiträge								
6990	Periodenfremde Aufwendungen								
7460	Verluste aus dem Abgang von Wertpapieren des Umlaufverm.								
7600	Außerordentliche Aufwendungen								
		Gesamtgewinn		Verlust aus unternehmensbezogenen Abgrenzungen				Betriebsgewinn	

1 Bei dieser Aufgabe sind die kostenrechnerischen Korrekturen (siehe Kapitel 4.2.2) noch nicht vorzunehmen.

2 *Anmerkung:* Der Vollständigkeit halber beinhaltet diese Ergebnistabelle auch die Doppelspalte „Kostenrechnerische Korrekturen", obwohl hier zunächst noch keine Eintragungen erfolgen (siehe Kapitel 4.2.2).

Aufgabe 8 b)[1]

Geschäftsbuchführung				Kosten- und Leistungsrechnung					
Erfolgsbereich				Abgrenzungsbereich				Kosten- und Leistungsbereich	
Kto.-Nr.	Konten	Aufwendungen	Erträge	Unternehmensbez. Abgrenzungen		Kostenrechnerische Korrekturen[2]		Kosten	Leistungen
				Aufwendungen	Erträge	Aufwendungen	Erträge		
5000	Umsatzerlöse f. e. E.								
5201	BV an unfertigen Erzeugnissen								
5401	Nebenerlöse aus Vermietung und Verpachtung								
5490	Periodenfremde Erträge								
5500	Erträge aus Beteiligungen								
5710	Zinserträge								
5780	Erträge aus Wertpapieren des Umlaufvermögens								
5800	Außerordentliche Erträge								
6000	Aufwendungen für Rohstoffe								
6020	Aufwendungen für Hilfsstoffe								
6030	Aufwendungen für Betriebsstoffe								
6150	Vertriebsprovisionen								
6200	Löhne								
6300	Gehälter								
6400	Arbeitgeberanteil zur Sozialversicherung (Lohnbereich)								
6410	Arbeitgeberanteil zur Sozialversicherung (Gehaltsbereich)								
6420	Beiträge zur Berufsgenossenschaft								
6520	Abschreibungen auf Sachanlagen								
6700	Mieten, Pachten								
6800	Büromaterial								
6960	Verluste aus dem Abgang von Vermögensgegenständen								
6990	Periodenfremde Aufwendungen								
7600	Außerordentliche Aufwendungen								
		Gesamtgewinn		Verlust aus unternehmensbezogenen Abgrenzungen				Betriebsgewinn	

1 Bei dieser Aufgabe sind die kostenrechnerischen Korrekturen (siehe Kapitel 4.2.2) noch nicht vorzunehmen.

2 *Anmerkung:* Der Vollständigkeit halber beinhaltet diese Ergebnistabelle auch die Doppelspalte „Kostenrechnerische Korrekturen“, obwohl hier zunächst noch keine Eintragungen erfolgen (siehe Kapitel 4.2.2).

4.2.2 Die kostenrechnerischen Korrekturen in der Ergebnistabelle (kalkulatorische Kosten)

Aufgabe 4 a)

Errechnung des betriebsnotwendigen Kapitals	❶	❷	❸
Anlagevermögen			
Umlaufvermögen			
Unternehmensvermögen			
Wohnhaus			
Wertpapiere			
nicht betriebsnotwendiges Vermögen			
betriebsnotwendiges Vermögen			
zinsfreies Fremdkapital			
betriebsnotwendiges Kapital			

Errechnung der monatlichen kalkulatorischen Zinsen:

❶ ______________________ ❷ ______________________ ❸ ______________________

Aufgabe 4 b)

Geschäftsbuchführung			Kosten- und Leistungsrechnung					
Erfolgsbereich			Abgrenzungsbereich				Kosten- und Leistungsbereich	
Konten	Aufwendungen	Erträge	Unternehmensbezogene Abgrenzungen		Kostenrechnerische Korrekturen		Kosten	Leistungen
			Aufwendungen	Erträge	Aufwendungen	Erträge		
❶	820.000	950.000	90.000	150.000	80.000	50.000	760.000	860.000
•								
Zinsaufw.								
•								
•								
Kalk. Zinsen								
•								
Summe								
❷	780.000	930.000	120.000	130.000	90.000	100.000	710.000	840.000
•								
Zinsaufw.								
•								
•								
Kalk. Zinsen								
•								
Summe								
❸	690.000	640.000	70.000	80.000	70.000	50.000	580.000	540.000
•								
Zinsaufw.								
•								
•								
Kalk. Zinsen								
•								
Summe								

Aufgabe 4 c)

Betriebsergebnis:

❶ ______

❷ ______

❸ ______

Ergebnis aus kostenrechnerischen Korrekturen:

❶ ______

❷ ______

❸ ______

Ergebnis aus unternehmensbezogenen Abgrenzungen:

❶ ______

❷ ______

❸ ______

Gesamtergebnis:

❶ ______

______

❷ ______

______

❸ ______

______

Aufgabe 6 a)

Bilanzmäßige Abschreibungen für Mai auf Fuhrpark:

❶ ______

❷ ______

❸ ______

Bilanzmäßige Abschreibungen für Mai auf Büromaschinen, Organisationsmittel und Kommunikationsanlagen:

❶ ______

❷ ______

❸ ______

Kalkulatorische Abschreibungen für Mai auf Fuhrpark:

❶ ______

❷ ______

❸ ______

Kalkulatorische Abschreibungen für Mai auf Büromaschinen, Organisationsmittel und Kommunikationsanlagen:

❶ ______

❷ ______

❸ ______

Aufgabe 6 b)

Geschäftsbuchführung			Kosten- und Leistungsrechnung					
Erfolgsbereich			Abgrenzungsbereich				Kosten- und Leistungsbereich	
Konten	Aufwendungen	Erträge	Unternehmensbezogene Abgrenzungen		Kostenrechnerische Korrekturen		Kosten	Leistungen
			Aufwendungen	Erträge	Aufwendungen	Erträge		
❶	820.000	950.000	90.000	150.000	80.000	50.000	760.000	860.000
•								
Abschr.								
•								
•								
Kalk. Abschr.								
•								
Summe								
❷	780.000	930.000	120.000	130.000	90.000	100.000	710.000	840.000
•								
Abschr.								
•								
•								
Kalk. Abschr.								
•								
Summe								
❸	690.000	640.000	70.000	80.000	70.000	50.000	580.000	540.000
•								
Abschr.								
•								
•								
Kalk. Abschr.								
•								
Summe								

Aufgabe 6 c)

Betriebsergebnis:

❶ ______

❷ ______

❸ ______

Ergebnis aus kostenrechnerischen Korrekturen:

❶ ______

❷ ______

❸ ______

Ergebnis aus unternehmensbezogenen Abgrenzungen:

❶ ______

❷ ______

❸ ______

Gesamtergebnis:

❶ ______

______

❷ ______

______

❸ ______

______

Aufgabe 9 a)

Geschäftsbuchführung				Kosten- und Leistungsrechnung					
Erfolgsbereich				Abgrenzungsbereich				Kosten- und Leistungsbereich	
Kto.-Nr.	Konten	Aufwendungen	Erträge	Unternehmensbez. Abgrenzungen		Kostenrechnerische Korrekturen		Kosten	Leistungen
				Aufwendungen	Erträge	Aufwendungen	Erträge		
5000	Umsatzerlöse f. e. E.								
5202	BV an fertigen Erzeugnissen								
5401	Nebenerlöse aus Vermietung und Verpachtung								
5460	Erträge aus dem Abgang von Vermögensgegenständen								
5710	Zinserträge								
5800	Außerordentliche Erträge								
6000	Aufwendungen für Rohstoffe								
6030	Aufwendungen für Betriebsstoffe								
6200	Löhne								
6300	Gehälter								
6400	Arbeitgeberanteil zur Sozialversicherung (Lohnbereich)								
6410	Arbeitgeberanteil zur Sozialversicherung (Gehaltsbereich)								
6520	Abschreibungen auf Sachanlagen								
6700	Mieten, Pachten								
6960	Verluste aus dem Abgang von Vermögensgegenständen								
7510	Zinsaufwendungen								
7600	Außerordentliche Aufwendungen								
	Kalkulatorischer Unternehmerlohn								
	Kalkulatorische Zinsen								
	Kalkulatorische Abschreibungen								
		Gesamtgewinn		Gewinn aus unternehmensbezogenen Abgrenzungen		Verlust aus kostenrechnerischen Korrekturen		Betriebsgewinn	

Aufgabe 9 b)

Geschäftsbuchführung				Kosten- und Leistungsrechnung					
Erfolgsbereich				Abgrenzungsbereich				Kosten- und Leistungsbereich	
Kto.-Nr.	Konten	Aufwendungen	Erträge	Unternehmensbez. Abgrenzungen		Kostenrechnerische Korrekturen		Kosten	Leistungen
				Aufwendungen	Erträge	Aufwendungen	Erträge		
5000	Umsatzerlöse f. e. E.								
5202	BV an fertigen Erzeugnissen								
5401	Nebenerlöse aus Vermietung und Verpachtung								
5460	Erträge aus dem Abgang von Vermögensgegenständen								
5710	Zinserträge								
5800	Außerordentliche Erträge								
6000	Aufwendungen für Rohstoffe								
6030	Aufwendungen für Betriebsstoffe								
6200	Löhne								
6300	Gehälter								
6400	Arbeitgeberanteil zur Sozialversicherung (Lohnbereich)								
6410	Arbeitgeberanteil zur Sozialversicherung (Gehaltsbereich)								
6520	Abschreibungen auf Sachanlagen								
6700	Mieten, Pachten								
6960	Verluste aus dem Abgang von Vermögensgegenständen								
7510	Zinsaufwendungen								
7600	Außerordentliche Aufwendungen								
	Kalkulatorischer Unternehmerlohn								
	Kalkulatorische Zinsen								
	Kalkulatorische Abschreibungen								
		Gesamtgewinn		Gewinn aus unternehmensbezogenen Abgrenzungen		Verlust aus kostenrechnerischen Korrekturen		Betriebsgewinn	

Aufgabe 10 a)

Geschäftsbuchführung				Kosten- und Leistungsrechnung					
Erfolgsbereich				Abgrenzungsbereich				Kosten- und Leistungsbereich	
Kto.-Nr.	Konten	Aufwendungen	Erträge	Unternehmensbez. Abgrenzungen		Kostenrechnerische Korrekturen		Kosten	Leistungen
				Aufwendungen	Erträge	Aufwendungen	Erträge		
5000	Umsatzerlöse f. e. E.								
5202	BV an fertigen Erzeugnissen								
5401	Nebenerlöse aus Vermietung und Verpachtung								
5480	Erträge a. d. Herabsetzung von Rückstellungen								
5490	Periodenfremde Erträge								
5710	Zinserträge								
5780	Erträge aus Wertpapieren des Umlaufvermögens								
5800	Außerordentliche Erträge								
6000	Aufwendungen für Rohstoffe								
6030	Aufwendungen für Betriebsstoffe								
6160	Fremdinstandhaltung								
6200	Löhne								
6300	Gehälter								
6400	Arbeitgeberanteil zur Sozialversicherung (Lohnbereich)								
6410	Arbeitgeberanteil zur Sozialversicherung (Gehaltsbereich)								
6520	Abschreibungen auf Sachanlagen								
6700	Mieten, Pachten								
6960	Verluste aus dem Abgang von Vermögensgegenständen								
7510	Zinsaufwendungen								
7600	Außerordentliche Aufwendungen								
	Kalkulatorischer Unternehmerlohn								
	Kalkulatorische Zinsen								
	Kalkulatorische Abschreibungen								
		Gesamtgewinn		Gewinn aus unternehmensbezogenen Abgrenzungen		Verlust aus kostenrechnerischen Korrekturen		Betriebsgewinn	

Aufgabe 10 b)

Geschäftsbuchführung				Kosten- und Leistungsrechnung					
Erfolgsbereich				Abgrenzungsbereich				Kosten- und Leistungsbereich	
Kto.-Nr.	Konten	Aufwendungen	Erträge	Unternehmensbez. Abgrenzungen		Kostenrechnerische Korrekturen		Kosten	Leistungen
				Aufwendungen	Erträge	Aufwendungen	Erträge		
5000	Umsatzerlöse f. e. E.								
5202	BV an fertigen Erzeugnissen								
5401	Nebenerlöse aus Vermietung und Verpachtung								
5480	Erträge a. d. Herabsetzung von Rückstellungen								
5490	Periodenfremde Erträge								
5710	Zinserträge								
5780	Erträge aus Wertpapieren des Umlaufvermögens								
5800	Außerordentliche Erträge								
6000	Aufwendungen für Rohstoffe								
6030	Aufwendungen für Betriebsstoffe								
6160	Fremdinstandhaltung								
6200	Löhne								
6300	Gehälter								
6400	Arbeitgeberanteil zur Sozialversicherung (Lohnbereich)								
6410	Arbeitgeberanteil zur Sozialversicherung (Gehaltsbereich)								
6520	Abschreibungen auf Sachanlagen								
6700	Mieten, Pachten								
6960	Verluste aus dem Abgang von Vermögensgegenständen								
7510	Zinsaufwendungen								
7600	Außerordentliche Aufwendungen								
	Kalkulatorischer Unternehmerlohn								
	Kalkulatorische Zinsen								
	Kalkulatorische Abschreibungen								
		Gesamtgewinn		Gewinn aus unternehmensbezogenen Abgrenzungen		Gewinn aus kostenrechnerischen Korrekturen		Betriebsverlust	

Aufgabe 12), I. (Vorjahr)

Geschäftsbuchführung				Kosten- und Leistungsrechnung					
Erfolgsbereich				Abgrenzungsbereich				Kosten- und Leistungsbereich	
Kto.-Nr.	Konten	Aufwendungen	Erträge	Unternehmensbez. Abgrenzungen		Kostenrechnerische Korrekturen		Kosten	Leistungen
				Aufwendungen	Erträge	Aufwendungen	Erträge		
5000	Umsatzerlöse f. e. E.								
5401	Nebenerlöse aus Vermietung und Verpachtung								
5490	Periodenfremde Erträge								
5710	Zinserträge								
5780	Erträge aus Wertpapieren des Umlaufvermögens								
5800	Außerordentliche Erträge								
6000	Aufwendungen für Rohstoffe								
6160	Fremdinstandhaltung								
6200	Löhne								
6300	Gehälter								
6400	Arbeitgeberanteil zur Sozialversicherung (Lohnbereich)								
6410	Arbeitgeberanteil zur Sozialversicherung (Gehaltsbereich)								
6520	Abschreibungen auf Sachanlagen								
6700	Mieten, Pachten								
6960	Verluste aus dem Abgang von Vermögensgegenständen								
7510	Zinsaufwendungen								
7600	Außerordentliche Aufwendungen								
	Kalkulatorischer Unternehmerlohn								
	Kalkulatorische Zinsen								
	Kalkulatorische Abschreibungen								
		Gesamtgewinn		Gewinn aus unternehmensbezogenen Abgrenzungen		Gewinn aus kostenrechnerischen Korrekturen		Betriebsgewinn	

Aufgabe 12), I. (Berichtsjahr)

Geschäftsbuchführung				Kosten- und Leistungsrechnung					
Erfolgsbereich				Abgrenzungsbereich				Kosten- und Leistungsbereich	
Kto.-Nr.	Konten	Aufwendungen	Erträge	Unternehmensbez. Abgrenzungen		Kostenrechnerische Korrekturen		Kosten	Leistungen
				Aufwendungen	Erträge	Aufwendungen	Erträge		
5000	Umsatzerlöse f. e. E.								
5401	Nebenerlöse aus Vermietung und Verpachtung								
5490	Periodenfremde Erträge								
5710	Zinserträge								
5780	Erträge aus Wertpapieren des Umlaufvermögens								
5800	Außerordentliche Erträge								
6000	Aufwendungen für Rohstoffe								
6160	Fremdinstandhaltung								
6200	Löhne								
6300	Gehälter								
6400	Arbeitgeberanteil zur Sozialversicherung (Lohnbereich)								
6410	Arbeitgeberanteil zur Sozialversicherung (Gehaltsbereich)								
6520	Abschreibungen auf Sachanlagen								
6700	Mieten, Pachten								
6960	Verluste aus dem Abgang von Vermögensgegenständen								
7510	Zinsaufwendungen								
7600	Außerordentliche Aufwendungen								
	Kalkulatorischer Unternehmerlohn								
	Kalkulatorische Zinsen								
	Kalkulatorische Abschreibungen								
		Gesamtgewinn		Gewinn aus unternehmensbezogenen Abgrenzungen		Gewinn aus kostenrechnerischen Korrekturen		Betriebsgewinn	

II.

Formel	Vorjahr	Berichtsjahr
Intensität des Rohstoffeinsatzes = ______		
Intensität der Lohnkosten = ______		
Intensität der Abschreibungen = ______		
Umsatzrentabilität = ______		
Wirtschaftlichkeit = ______		

III.

4.4 Die Kostenstellenrechnung

Aufgabe 1

Gemein-kostenart	Betrag (€)	Verteilungsbasis	Kostenstellen			
			Material	Fertigung	Verwaltung	Vertrieb
Gehälter	348.400,00	Gehaltsliste	48.300,00	58.800,00	142.900,00	98.400,00
Hilfslöhne	263.700,00	Lohnliste	44.500,00	179.100,00	–	40.100,00
Sozialkosten	99.500,00	Lohn- und Gehaltsliste	15.085,00	38.672,00	23.229,00	22.514,00
Miete	20.800,00	m^2				
Energie	54.200,00	1 : 6 : 2 : 1				
Abschreibungen (monatlich)	97.900,00	Anlagenkartei	6.334,00	75.451,00	10.526,00	5.589,00

Aufgabe 2

Gemeinkostenart	Betrag (€)	Kostenstellen			
		Material	Fertigung	Verwaltung	Vertrieb
Betriebsstoffe	20.800,00	2.900,00	11.000,00	4.800,00	2.100,00
Hilfslöhne	194.700,00	18.800,00	156.200,00	9.300,00	10.400,00
Gehälter	171.300,00	12.500,00	17.300,00	105.900,00	35.600,00
Soziale Abgaben	54.900,00	4.695,00	26.025,00	17.280,00	6.900,00
Energie					
Miete					
Versicherungen					
kalkulatorische Abschreibungen					
kalkulatorische Zinsen					

Aufgabe 3

Gemeinkostenart	Betrag (€)	Kostenstellen						
		A	B	C	D	E	F	G
Betriebsstoffe	200.100	2.500	10.800	100.400	70.200	1.800	7.900	6.500
Hilfslöhne	180.500	2.400	19.300	90.900	47.900	2.400	9.200	8.400
Gehälter	195.500	3.800	10.100	20.100	13.400	8.800	110.500	28.800
kalk. Abschreibungen	40.500							
kalk. Zinsen	30.000							

Aufgabe 4

Gemeinkostenart	Betrag (€)	Kostenstellen							
		1	2	3	4	5	6	7	8
$\sum$	781.000,00	21.000,00	120.000,00	180.000,00	220.000,00	50.000,00	30.000,00	90.000,00	70.000,00
Energie	14.685,00								
soziale Abgaben	54.900,00								

Aufgabe 5

Gemeinkostenart	Betrag (€)	Kostenstellen						
		Allgem. Bereich	Materialbereich	Fertigungsbereich			Verwalt.-Bereich	Vertriebsbereich
				Fert. 1	Fert. 2	A.-Vorber.		
Zwischensumme	860.000	50.000	140.000	180.000	220.000	40.000	150.000	80.000
kalkulatorische Zinsen	55.000							

4.5.1 Die Kostenträgerzeitrechnung

Aufgabe 8

Gemeinkostenart	Betrag (€)	Verteilungsbasis	Kostenstellen			
			Material	Fertigung	Verwaltung	Vertrieb
Gehälter	298.400,00	Gehaltsliste	38.200,00	47.800,00	131.500,00	80.900,00
Hilfslöhne	215.300,00	Lohnliste	29.600,00	158.900,00	–	26.800,00
Sozialkosten	88.700,00	Lohn- und Gehaltsliste	11.708,00	35.658,00	22.707,00	18.627,00
Miete	20.000,00	m^2				
Energie	46.100,00	Rechnungen	5.100,00	24.800,00	8.900,00	7.300,00
Abschreibungen	86.400,00	Anlagevermögen				
Zuschlagsgrundlagen: 1. Fertigungsmaterial						
2. Fertigungslöhne						
3. Herstellkosten des Umsatzes						
Gemeinkostenzuschlagssätze						

Aufgabe 9

Gemeinkostenart	Betrag (€)	Kostenstellen						
		Allgem. Bereich	Materialbereich	Fertigungshauptkostenstelle 1	Fertigungshauptkostenstelle 2	Fertigungshilfskostenstelle	Verwaltungsbereich	Vertriebsbereich
Betriebsstoffe	72.800	2.900	15.000	20.800	24.200	5.600	3.100	1.200
Hilfslöhne	180.500	4.200	8.500	86.400	63.400	8.900	5.300	3.800
Gehälter	203.100	4.400	5.700	8.800	6.600	6.100	150.600	20.900
Energie	30.200							
kalk. Abschreibungen	38.640							
Zuschlagsgrundlagen: 1. Fertigungsmaterial								
2. Fertigungslöhne								
3. Herstellkosten des Umsatzes								
Gemeinkostenzuschlagssätze								

Aufgabe 10

	Summe	Kostenträger I	Kostenträger II
Fertigungsmaterial			
+ Materialgemeinkosten (. . . . . %)			
= **Materialkosten**			
Fertigungslöhne			
+ Fertigungsgemeinkosten (. . . . . %)			
= **Fertigungskosten**			
= **Herstellkosten der Produktion**			
+ Bestandsabbau			
– Bestandsaufbau			
= **Herstellkosten des Umsatzes**			
+ Verwaltungsgemeinkosten (. . . . . %)			
+ Vertriebsgemeinkosten (. . . . . %)			
= **Selbstkosten des Umsatzes**			
Verkaufserlöse			
= **Betriebsergebnis**			

Aufgabe 11 a)

	Aufschlüsselung der Miete			Aufschlüsselung der Energiekosten		Aufschlüsselung der Abschreibungen		
	m^2	Teile	€	Teile	€	Anlagevermögen	Teile	€
Material								
Fertigung								
Verwaltung								
Vertrieb								
1 Teil:								

Hinweis: Gemeinkostenzuschlagssätze mit einer Genauigkeit von 4 Stellen nach dem Komma berechnen.

Gemein-kostenart	Betrag (€)	Verteilungsbasis	Kostenstellen			
			Material	Fertigung	Verwaltung	Vertrieb
Gehälter	322.500,00	Gehaltsliste	44.500,00	53.900,00	131.800,00	92.300,00
Hilfslöhne	254.900,00	Lohnliste	40.900,00	181.100,00	–	32.900,00
Sozialkosten	95.700,00	Lohn- und Gehaltsliste	14.154,00	38.950,00	21.845,00	20.751,00
Miete	33.600,00	m^2				
Energie	60.500,00	Rechnungen				
Abschreibungen (monatlich)	111.000,00	Anlagevermögen				
Zuschlagsgrundlagen: 1. Fertigungsmaterial						
2. Fertigungslöhne						
3. Herstellkosten des Umsatzes						
Gemeinkostenzuschlagssätze						

Aufgabe 11 b)

	Summe	Kostenträger I	Kostenträger II
Fertigungsmaterial			
+ Materialgemeinkosten (. . . . . %)			
= **Materialkosten**			
Fertigungslöhne			
+ Fertigungsgemeinkosten (. . . . . %)			
+ Sondereinzelkosten der Fertigung			
= **Fertigungskosten**			
= **Herstellkosten der Produktion**			
+ Bestandsabbau			
– Bestandsaufbau			
= **Herstellkosten des Umsatzes**			
+ Verwaltungsgemeinkosten (. . . . . %)			
+ Vertriebsgemeinkosten (. . . . . %)			
= **Selbstkosten des Umsatzes**			
Verkaufserlöse			
= **Betriebsergebnis**			

Aufgabe 12 a)[1]

Aufschlüsselung der Energiekosten und der Abschreibungen ⟶ siehe S. 66 oben.

Hinweis: Istgemeinkostenzuschlagssätze mit einer Genauigkeit von vier Stellen nach dem Komma berechnen.

Gemeinkostenart	Betrag (€)	Verteilungsbasis	Kostenstellen			
			Material	Fertigung	Verwaltung	Vertrieb
Gehälter	406.700,00	Gehaltsliste	52.900,00	64.300,00	195.900,00	93.600,00
Hilfslöhne	297.100,00	Lohnliste	74.800,00	199.700,00	–	22.600,00
Sozialkosten	104.800,00	Lohn- und Gehaltsliste	13.624,00	42.968,00	29.344,00	18.864,00
Betriebsstoffe	140.000,00	Entnahmescheine	3.600,00	126.000,00	2.000,00	8.400,00
Energie	56.000,00	Verteilungsschlüssel				
Abschreibungen (monatlich)	121.000,00	Anlagevermögen				
Istgemeinkosten						
Zuschlagsgrundlagen: 1. Fertigungsmaterial						
2. Fertigungslöhne						
3. Herstellkosten des Umsatzes						
Istzuschlagssätze						
Normalzuschlagssätze						
Normalgemeinkosten[2]						
Kostenstellenunterdeckung/ Kostenstellenüberdeckung						

Aufgabe 12 b)[1]

	Istkostenrechnung					Normalkostenrechnung			
	Istzuschlagssätze	Istkosten K 1	Istkosten K 2	Summe Istkosten	Kostenabweichung	Normalzuschlagssätze	Normalkosten K 1	Normalkosten K 2	Summe Normalkosten
Fertigungsmaterial									
+ Mat.-Gemeinkosten									
= **Materialkosten**									
Fertigungslöhne									
+ Fert.-Gemeinkosten									
= **Fertigungskosten**									
= **Herstellkosten der Produktion**									
– Bestandsaufbau									
+ Bestandsabbau									
= **Herstellkosten des Umsatzes**									
+ Verw.-Gemeinkosten									
+ Vertr.-Gemeinkosten									
= **Selbstkosten des Umsatzes**									
Verkaufserlöse									
Umsatzergebnis									
+ Kostenüberdeckung									
= **Betriebsergebnis**									

1 siehe Fußnote 1 auf S. 68
2 Die Normalzuschlagssätze werden auf die **verrechneten Normalkosten** bezogen.

zu Aufgabe 12 a)

	Aufschlüsselung der Energiekosten	Aufschlüsselung der Abschreibungen
Material		
Fertigung		
Verwaltung		
Vertrieb		
1 Teil:		

Aufgabe 13 a)[1]

Hinweis: Istgemeinkostenzuschlagssätze mit einer Genauigkeit von 4 Stellen nach dem Komma berechnen.

	Summe	Allgemeiner Bereich	Material	Fertigungs-hauptkosten-stelle 1	Fertigungs-hauptkosten-stelle 2	Fertigungs-hilfskosten-stelle	Verwaltung	Vertrieb
	332.000,00	14.000,00	52.000,00	83.000,00	98.000,00	12.000,00	44.000,00	29.000,00
		└→						
						←┘		
Istgemeinkosten								
Zuschlagsgrundlage:								
1. Fertigungsmaterial								
2. Fertigungslöhne								
3. Herstellkosten des Umsatzes								
Istzuschlagssätze								
Normalzuschlagssätze								
Normalgemeinkosten[2]								
Kostenstellenunter-deckung								
Kostenstellenüber-deckung								
Kostenstellenunter-deckung insgesamt								

1 Gehen Sie bei Aufgabe 12 und Aufgabe 13 in folgenden Schritten vor:
1. Erstellen Sie den BAB I (Aufgabe a) bis einschließlich der Zeile „Istgemeinkosten“.
2. Erstellen Sie den kompletten BAB II (Aufgabe b) (1. Istkostenrechnung, 2. Normalkostenrechnung, 3. Kostenabweichung).
3. Vervollständigen Sie den BAB I (Aufgabe a).

2 Die Normalzuschlagssätze werden auf die **verrechneten Normalkosten** bezogen.

Aufgabe 13 b)[1]

	Istkostenrechnung					Normalkostenrechnung			
	Ist-zuschlags-sätze	Ist-kosten (Summe)	Ist-kosten K I	Ist-kosten K II	Kosten-abwei-chung	Normal-zuschlags-sätze	verrechn. Normal-kosten (Summe)	Normal-kosten K I	Normal-kosten K II
Fertigungsmaterial									
+ MGK									
= **Materialkosten**									
Fertigungslöhne 1									
+ FGK 1									
= **Fertigungskosten 1**									
Fertigungslöhne 2									
+ FGK 2									
= **Fertigungskosten 2**									
= **HK der Produktion**									
+ Bestandsabbau									
– Bestandsaufbau									
= **HK des Umsatzes**									
+ VwGK									
+ VtGK									
= **Selbstkosten**									
Verkaufserlöse									
Umsatzergebnis									
– Kostenunterdeckung									
= **Betriebsergebnis**									

4.5.2 Die Kostenträgerstückrechnung

Aufgabe 33 a), b)

a) Errechnung der Gemeinkostenzuschlagssätze:

Gemein-kostenart	Betrag (€)	Verteilungsbasis	Kostenstellen			
			Material	Fertigung	Verwaltung	Vertrieb
Gehälter	318.000,00	Gehaltsliste	40.000,00	58.000,00	160.000,00	60.000,00
Hilfslöhne	297.000,00	Lohnliste	73.000,00	210.000,00	4.000,00	10.000,00
Sozialkosten	75.400,00	Lohn- und Gehaltsliste	14.000,00	33.000,00	20.000,00	8.400,00
Miete	36.000,00	1 : 5 : 2 : 1				
kalkulatorische Kosten	49.000,00	2 : 8 : 3 : 1				
Zuschlagsgrundlagen: 1. Fertigungsmaterial						
2. Fertigungslöhne						
3. Herstellkosten des Umsatzes						
Gemeinkostenzuschlagssätze						

1 siehe Fußnote 1 auf S. 68

Ermittlung der Herstellkosten des Umsatzes:

Fertigungsmaterial	
+ Materialgemeinkosten	
= **Materialkosten**	
Fertigungslöhne	
+ Fertigungsgemeinkosten	
= **Fertigungskosten**	
= **HK der Produktion**	
+ Bestandsabbau	
– Bestandsaufbau	
= **HK des Umsatzes**	

b) Kalkulation:

Fertigungsmaterial	
+ MGK (. . . . . . . %)	
= **Materialkosten**	
Fertigungslöhne	
+ FGK (. . . . . . . %)	
+ SEK der Fertigung	
= **Fertigungskosten**	
= **Herstellkosten**	
+ VwGK (. . . . . . . %)	
+ VtGK (. . . . . . . %)	
+ SEK des Vertriebs	
= **Selbstkosten**	
+ Gewinn (. . . . . . . %)	
= **Barverkaufspreis**	
+ Kundenskonto (. . . . . . . %)	
= **Zielverkaufspreis**	
+ Kundenrabatt (. . . . . . . %)	
= **Listenverkaufspreis**	

Aufgabe 42

Kalkulationskarte	**Vorkalkulation**		
Erzeugnis: Schaltgehäuse	**%**	**€**	**€**
Fertigungsmaterial		490,00	
Materialgemeinkosten	14 %		
Materialkosten			
Fertigungslöhne (Vorrichterei)		110,00	
Fertigungsgemeinkosten (Vorrichterei)	120 %		
Fertigungslöhne (Formerei)		58,00	
Fertigungsgemeinkosten (Formerei)	80 %		
Fertigungslöhne (Schlosserei)		360,00	
Fertigungsgemeinkosten (Schlosserei)	125 %		
Fertigungslöhne (Montage)		210,00	
Fertigungsgemeinkosten (Montage)	110 %		
Sondereinzelkosten der Fertigung		60,00	
Fertigungskosten			
Herstellkosten			
Verwaltungs- und Vertriebsgemeinkosten	15 %		
Sondereinzelkosten des Vertriebs			80,00
Selbstkosten			
Gewinn	10 %		
Barverkaufspreis			
Skonto	3 %		
Zielverkaufspreis			
Rabatt	10 %		
Listenverkaufspreis			

4.7 Die Deckungsbeitragsrechnung (Teilkostenrechnung)

Aufgabe 3

I. a)

	Auftrag 1	Auftrag 2	Auftrag 3
Fertigungsmaterial			
+ Materialgemeinkosten (25 %)			
= **Materialkosten**			
Fertigungslöhne			
+ Fertigungsgemeinkosten (120 %)			
= **Fertigungskosten**			
= **Herstellkosten**			
+ Verwaltungs- und Vertriebsgemeinkosten (10 %)			
= **Selbstkosten**			

I. b)

	Summe	Auftrag 1	Auftrag 2	Auftrag 3
Verkaufserlöse				
– Selbstkosten				

I. c)

II. Ermittlung der Deckungsbeiträge:

	Auftrag 1	Auftrag 2	Auftrag 3
Verkaufserlöse			
– Fertigungsmaterial			
– Fertigungslöhne			
– variable Materialgemeinkosten (20 %)			
– variable Fertigungsgemeinkosten (20 %)			
– variable Verw.- und Vertr.-Gemeinkosten (20 %)			
Deckungsbeiträge			

Ermittlung der fixen Kosten:

	Auftrag 1	Auftrag 2	Auftrag 3	Summe
fixe MGK (80 %)				
+ fixe FGK (80 %)				
+ fixe VwGK und VtGK (80 %)				
Summe fixe Kosten				

II. a) Ermittlung des Betriebsergebnisses vor der Umstrukturierung:

Deckungsbeitrag, Auftrag 1	
+ Deckungsbeitrag, Auftrag 2	
+ Deckungsbeitrag, Auftrag 3	
– fixe Kosten	
Betriebsgewinn	

II. b) Ermittlung des Betriebsergebnisses nach der Umstrukturierung:

Deckungsbeitrag, Auftrag 2	
+ Deckungsbeitrag, Auftrag 3	
– fixe Kosten	
Betriebsverlust	

III.

Aufgabe 11 a)

	Erzeugnis A	Erzeugnis B	Erzeugnis C	Erzeugnis D	Erzeugnis E
Listenverkaufserlöse					
– Kundenrabatt					
Zielverkaufserlöse					
– Kundenskonto					
Barverkaufserlöse					
– variable Kosten					
Deckungsbeitrag					
– Unternehmensfixkosten					
Verlust					

Empfehlung:

Aufgabe 11 b)

Ermittlung der „Deckungsbeiträge in Prozent von den Barverkaufserlösen“:

	Erzeugnis A	Erzeugnis B	Erzeugnis C	Erzeugnis D	Erzeugnis E
Deckungsbeitrag in Prozent von den Barverkaufserlösen					
100,00 € zusätzlicher Umsatz erbringen folgenden zusätzlichen Deckungsbeitrag					

Rangfolge für Werbemaßnahmen: ______________________________

Aufgabe 12

a)

Fitnessgerät	Typ I	Typ II	Typ III	Typ IV
Verkaufserlöse				
– variable Kosten				
Deckungsbeitrag				
– Unternehmensfixkosten				
Verlust				

b) Empfehlung: ______________________________

Gewinn: ______________________________

c) Ermittlung der „Deckungsbeiträge in Prozent von den Verkaufserlösen“:

Fitnessgerät	Typ I	Typ II	Typ III	Typ IV
Deckungsbeitrag in Prozent von den Verkaufserlösen				

Rangfolge: ______________________________

d) ______________________________

Aufgabe 13 (I)

a) Ermittlung des Kapazitätsbedarfs in den Fertigungsabteilungen (für die maximal absetzbaren Mengen):

Dreherei

Bohrerei

Fräserei

Montage

b)

c)

	Deckungsbeitrag Erzeugnis 1:
+	Deckungsbeitrag Erzeugnis 2:
+	Deckungsbeitrag Erzeugnis 4:
+	Deckungsbeitrag Erzeugnis 6:
+	Deckungsbeitrag Erzeugnis 7:
+	Deckungsbeitrag Erzeugnis 8:
–	fixe Kosten

Aufgabe 13 (II)

a) Ermittlung der relativen Deckungsbeiträge:

relativer Deckungsbeitrag = ______________________________

Erzeugnis	1	2	4	6	7	8
Relativer Deckungsbeitrag						

Rangfolge: ______________________________

b)

Erzeugnis	Absatzmenge (Stück)	Fertigungsminuten (Montage)	kumulierte Fertigungsminuten (Montage)

c)

Deckungsbeitrag Erzeugnis	
+ Deckungsbeitrag Erzeugnis	
+ Deckungsbeitrag Erzeugnis	
+ Deckungsbeitrag Erzeugnis	
+ Deckungsbeitrag Erzeugnis	
– fixe Kosten	

Aufgabe 15

	FF 753	SW 683
Listeneinkaufspreis		
– Lieferantenrabatt		
= Zieleinkaufspreis		
– Lieferantenskonto		
= Bareinkaufspreis		
+ Bezugskosten		
= Bezugspreis		
+ variable Gemeinkosten pro Fernseher		
= variable Selbstkosten pro Fernseher		

5 Controlling

Aufgabe 4

a), b)

Jahr	Umsatz (€)	produktives Anlagevermögen[1] (€)	Beschäftigte	Umsatz pro Kopf (€)	produktives AV[1] pro Kopf (€)
1	25.420.967,00	6.795.524,00	98		
2	22.645.893,00	6.343.798,00	98		
3	26.883.547,00	6.956.342,00	120		
4	27.218.657,00	6.901.856,00	127		
5	27.052.931,00	6.895.847,00	131		

c)

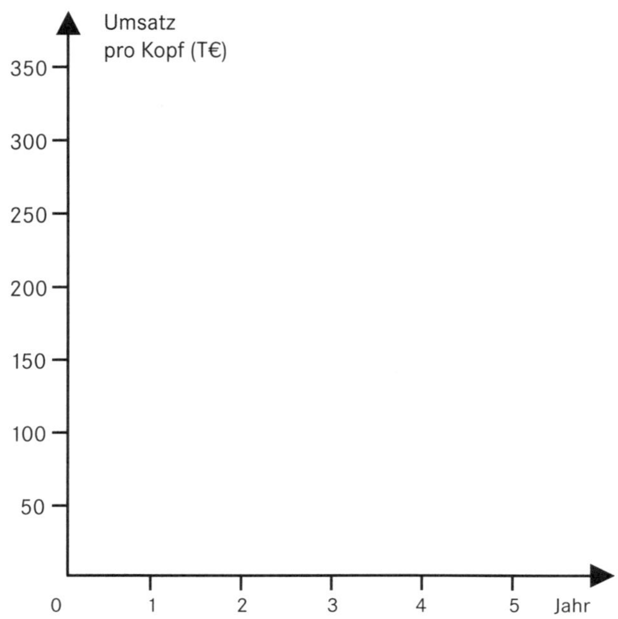

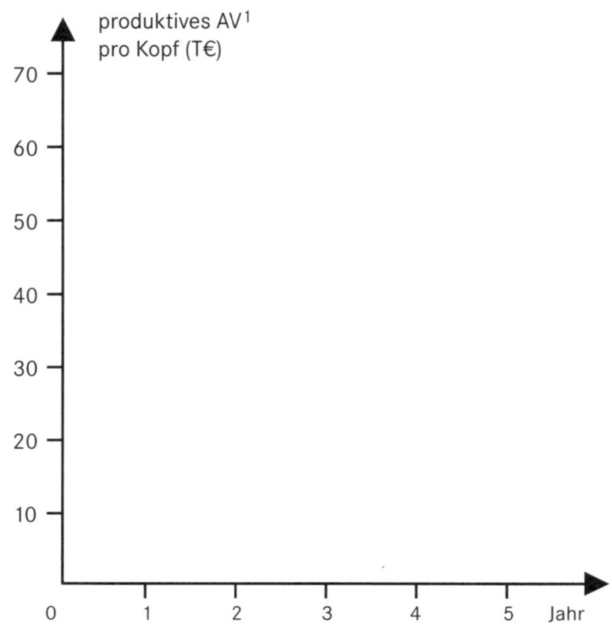

d)

e)

1. Absoluter Gewinn:

2. Gesamtkapitalrendite:

1 Das produktive Anlagevermögen dient ausschließlich dem betrieblichen Leistungsprozess. Im produktiven Anlagevermögen sind folglich Grundstücke, Gebäude, Beteiligungen, Wertpapiere usw. **nicht** enthalten.

Fortsetzung von Aufgabe 4 e)

3. Eigenkapitalrendite:

4. Umsatzrendite:

f)

1. Absoluter Gewinn:

2. Gesamtkapitalrendite:

3. Eigenkapitalrendite:

4. Umsatzrendite:

g)

Ausbringung Stück/Jahr	Kostensituation vor der Rationalisierung			Kostensituation nach der Rationalisierung			Erlöse (E) (€)
	Fixe Kosten (€)	Variable Kosten (€)	Gesamtkosten v. d. R. (K_1) (€)	Fixe Kosten (€)	Variable Kosten (€)	Gesamtkosten n. d. R. (K_2) (€)	
0	7.500.000,00	0,00		13.500.000,00	0,00		
20 000	7.500.000,00	2.400.000,00		13.500.000,00	1.500.000,00		
40 000	7.500.000,00	4.800.000,00		13.500.000,00	3.000.000,00		
60 000	7.500.000,00	7.200.000,00		13.500.000,00	4.500.000,00		
80 000	7.500.000,00	9.600.000,00		13.500.000,00	6.000.000,00		
100 000	7.500.000,00	12.000.000,00		13.500.000,00	7.500.000,00		
120 000	7.500.000,00	14.400.000,00		13.500.000,00	9.000.000,00		
140 000	7.500.000,00	16.800.000,00		13.500.000,00	10.500.000,00		
160 000	7.500.000,00	19.200.000,00		13.500.000,00	12.000.000,00		
180 000	7.500.000,00	21.600.000,00		13.500.000,00	13.500.000,00		

Fortsetzung von Aufgabe 4 g)

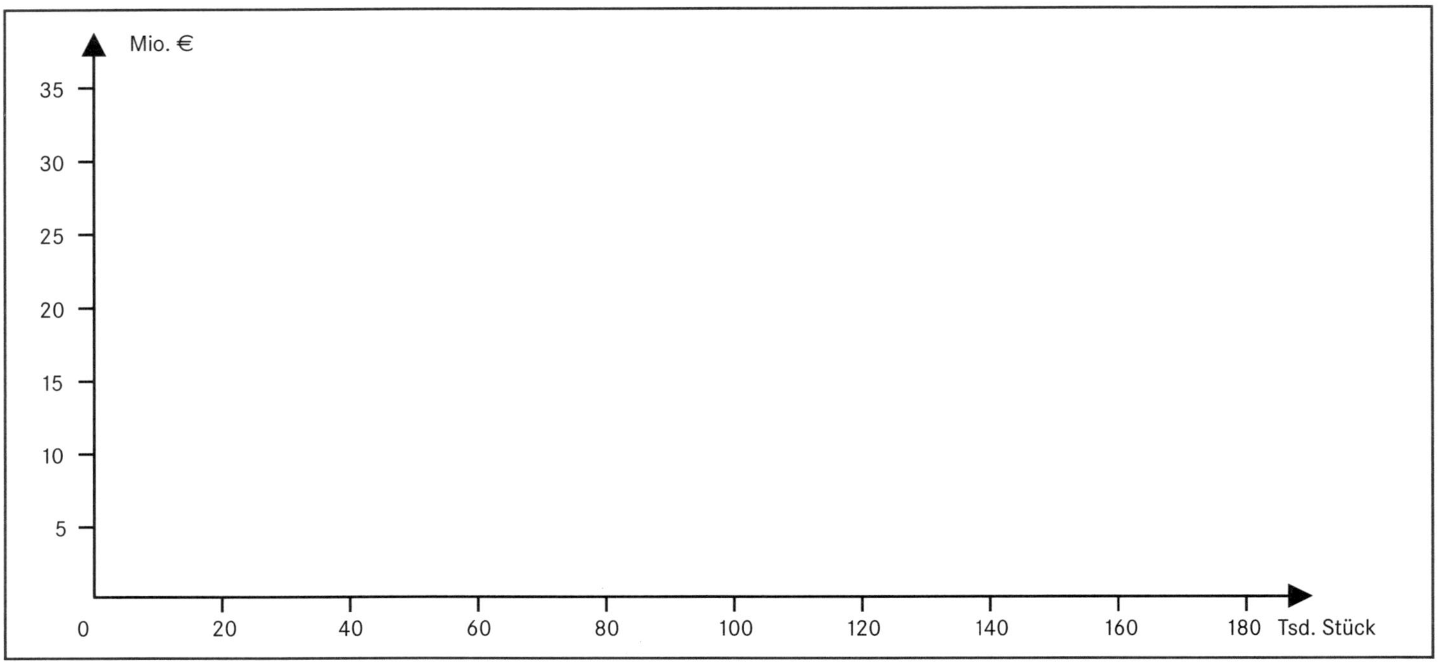

h)

i)

K_1 = **K_2 =** **E =**

1. Wirtschaftlichkeit der Rationalisierung:

2. Break-even-Point vor der Rationalisierung:

3. Break-even-Point nach der Rationalisierung:

Aufgabe 5

a) Absatzplan

		Stadtrad SR 5	Trekkingrad TR 3	Mountainbike MB 7	Summe
altes Geschäftsjahr	Istabsatzmenge (Stück)	23 600	18 400	16 900	–
	Istverkaufspreis (€)	200,00	220,00	350,00	–
	Istumsatz (€)				
neues Geschäftsjahr	Planabsatzmenge (Stück)				–
	Planverkaufspreis (€)				–
	Planumsatz (€)				

b) Planung von Wareneinsatz und Warenrohgewinn

		Stadtrad SR 5	Trekkingrad TR 3	Mountainbike MB 7	Summe
neues Geschäftsjahr	Planabsatzmenge (Stück)				–
	Planbezugspreis (€)	125,00	130,00	200,00	–
	Planwareneinsatz (€)				
	Planwarenrohgewinn (€)				

c) Beschaffungsplan

		Stadtrad SR 5	Trekkingrad TR 3	Mountainbike MB 7	Summe
neues Geschäftsjahr	Ist-AB Lager (Stück)	3 680	1 960	4 790	–
	Plan-SB Lager (Stück)	500	500	1 000	–
	geplanter Lagerabbau (Stück)				–
	Planbezugsmenge (Stück)				–
	Planbezugspreis (€)	125,00	130,00	200,00	–

d) Kostenplan

	Istkosten (€), altes G'jahr[1]	Kostenänderung (%)	Plankosten (€), neues G'jahr[1]
6080 Aufwendungen für Waren			
6100 Aufwendungen für bezogene Leistungen			
6200 Löhne			
6300 Gehälter			
6400 AG-Anteil zur Sozialversicherung (LB + GB)			
6700 Mieten, Pachten			
Kalkulatorischer Unternehmerlohn			
Kalkulatorische Zinsen			
Kalkulatorische Abschreibungen			
Summe			

1 G'jahr = Geschäftsjahr

e) Planergebnistabelle, neues Geschäftsjahr

Geschäftsbuchführung				Kosten- und Leistungsrechnung					
Erfolgsbereich				Abgrenzungsbereich				Kosten- und Leistungsbereich	
Kto.-Nr.	Konten	Aufwendungen	Erträge	Unternehmensbez. Abgrenzungen		Kostenrechnerische Korrekturen		Kosten	Leistungen
				Aufwendungen	Erträge	Aufwendungen	Erträge		
5100	Umsatzerlöse für Waren								
5401	Nebenerlöse aus Vermietung und Verpachtung								
5710	Zinserträge								
5800	Außerordentliche Erträge								
6080	Aufwendungen für Waren								
6100	Aufwendungen für bezogene Leistungen								
6200	Löhne								
6300	Gehälter								
6400	AG-Anteil zur Soz.-Vers. (LB + GB)								
6520	Abschreibungen auf Sachanlagen								
6700	Mieten, Pachten								
7510	Zinsaufwendungen								
7600	Außerordentliche Aufwendungen								
	Kalkulatorischer Unternehmerlohn								
	Kalkulatorische Zinsen								
	Kalkulatorische Abschreibungen								
		Gesamtgewinn		Gewinn aus unternehmensbezogenen Abgrenzungen		Verlust aus kostenrechnerischen Korrekturen		Betriebsgewinn	

f) Überprüfung der betriebswirtschaftlichen Zielvorgaben

g) Finanzplan

	Planzahlen (€)
Anfangsbestand an liquiden Mitteln	
Umsatzerlöse	
Nebenerlöse aus V. u. V.	
Zinserträge	
Außerordentliche Erträge	
Anfangsbestand an liquiden Mitteln + Einnahmen	
Bezugsausgaben für eingekaufte Waren	
Aufwendungen für bezogene Leistungen	
Löhne	
Gehälter	
AG-Anteil zur Sozialversicherung (LB + GB)	
Mieten, Pachten	
Zinsaufwendungen	
Außerordentliche Aufwendungen	
geplante Investitionen	
Privatentnahmen	
Fremdkapitaltilgungen	
Summe der Ausgaben	
geplanter Endbestand an liquiden Mitteln	

h) Soll-Ist-Vergleich beim Absatzplan

		Stadtrad SR 5	Trekkingrad TR 3	Mountainbike MB 7	Summe
neues G'jahr[1] (Ist-zahlen)	Istabsatzmenge (Stück)	20 000	19 500	19 440	–
	Istverkaufspreis (€)	213,00	226,00	362,00	–
	Istumsatz (€)				
neues G'jahr[1] (Plan-zahlen)	Planabsatzmenge (Stück)				–
	Planverkaufspreis (€)				–
	Planumsatz (€)				
neues G'jahr[1] (Abwei-chungen)	Absatzmenge (Stück)				–
	Verkaufspreis (€)				–
	Umsatz (€)				

1 G'jahr = Geschäftsjahr

i) Soll-Ist-Vergleich beim Wareneinsatz und beim Warenrohgewinn

		Stadtrad SR 5	Trekkingrad TR 3	Mountainbike MB 7	Summe
neues G'jahr[1] (Ist-zahlen)	Istabsatzmenge (Stück)	20 000	19 500	19 440	-
	Istbezugspreis (€)	121,00	134,00	219,00	-
	Istwareneinsatz (€)				
	Istwarenrohgewinn (€)				
neues G'jahr[1] (Plan-zahlen)	Planabsatzmenge (Stück)				-
	Planbezugspreis (€)	125,00	130,00	220,00	-
	Planwareneinsatz (€)				
	Planwarenrohgewinn (€)				
neues G'jahr[1] (Abwei-chungen)	Absatzmenge (Stück)				-
	Bezugspreis (€)				-
	Wareneinsatz (€)				
	Warenrohgewinn (€)				

1 G'jahr = Geschäftsjahr

j) Soll-Ist-Vergleich beim Beschaffungsplan

		Stadtrad SR 5	Trekkingrad TR 3	Mountainbike MB 7	Summe
neues G'jahr[1] (Ist-zahlen)	Istbezugsmenge (Stück)	17 000	18 400	15 600	-
	Istbezugspreis (€)	121,00	134,00	219,00	-
	Istbezugsausgaben (€)				
neues G'jahr[1] (Plan-zahlen)	Planbezugsmenge (Stück)				-
	Planbezugspreis (€)	125,00	130,00	220,00	-
	Planbezugsausgaben (€)				
neues G'jahr[1] (Abwei-chungen)	Bezugsmenge (Stück)				-
	Bezugspreis (€)				-
	Bezugsausgaben (€)				

1 G'jahr = Geschäftsjahr

k) Soll-Ist-Vergleich der Lagerendbestände

		Stadtrad SR 5	Trekkingrad TR 3	Mountainbike MB 7	Summe
	Ist-AB Lager (Stück) + Istbezugsmenge (Stück) – Istabsatzmenge (Stück)	3 680 17 000 20 000	1 960 18 400 19 500	4 790 15 600 19 440	- - -
Istzahlen	Ist-SB Lager (Stück)				
Planzahlen	Plan-SB Lager (Stück)	500	500	1 000	2 000
Abweichun-gen	SB Lager (Stück)				

Fortsetzung von Aufgabe 5

l) Soll-Ist-Vergleich beim Kostenplan

		Istkosten (€)	Plankosten (€)	Abweichungen (€)
6080	Aufwendungen für Waren			
6100	Aufwendungen für bezogene Leistungen			
6200	Löhne			
6300	Gehälter			
6400	AG-Anteil zur Sozialversicherung (LB + GB)			
6700	Mieten, Pachten			
	Kalkulatorischer Unternehmerlohn			
	Kalkulatorische Zinsen			
	Kalkulatorische Abschreibungen			
	Summe			

m) Soll-Ist-Vergleich beim Ergebnisplan

n) Soll-Ist-Vergleich beim Finanzplan

	Istzahlen (€)	Planzahlen (€)	Abweichungen (€)
Anfangsbestand an liquiden Mitteln			
Umsatzerlöse			
Nebenerlöse aus V. u. V.			
Zinserträge			
Außerordentliche Erträge			
Anfangsbestand an liquiden Mitteln + Einnahmen			
Bezugsausgaben für eingekaufte Waren			
Aufwendungen für bezogene Leistungen			
Löhne			
Gehälter			
AG-Anteil zur Sozialversicherung (LB + GB)			
Mieten, Pachten			
Zinsaufwendungen			
Außerordentliche Aufwendungen			
Investitionen			
Privatentnahmen			
Fremdkapitaltilgungen			
Summe der Ausgaben			
Endbestand an liquiden Mitteln			

Fortsetzung von Aufgabe 5 n)

Aufgabe 6

a) Absatzplan

		Stadtrad SR 5	Trekkingrad TR 3	Mountainbike MB 7	Summe
altes Geschäftsjahr	Istabsatzmenge (Stück)	23 600	18 400	16 900	-
	Istverkaufspreis (€)	200,00	220,00	350,00	-
	Istumsatz (€)				
neues Geschäftsjahr	Planabsatzmenge (Stück)				-
	Planverkaufspreis (€)				-
	Planumsatz (€)				

b) Produktionsplan

		Stadtrad SR 5	Trekkingrad TR 3	Mountainbike MB 7
neues Geschäftsjahr	Ist-AB Lager (Stück)	3 680	1 960	4 790
	Plan-SB Lager (Stück)	3 000	1 500	4 000
	geplanter Lagerabbau (Stück)			
	Planproduktionsmenge (Stück)			

c) Kostenplan

	Istkosten (€), altes G'jahr[1]	Kostenänderung (%)	Plankosten (€), neues G'jahr[1]
6000 Aufwendungen für Rohstoffe			
6010 Aufwendungen für Fremdbauteile			
6020 Aufwendungen für Hilfsstoffe			
6030 Aufwendungen für Betriebsstoffe			
6100 Aufwendungen für bezogene Leistungen			
6200 Löhne			
6300 Gehälter			
6400 AG-Anteil zur Sozialversicherung (LB + GB)			
6700 Mieten, Pachten			
Kalkulatorischer Unternehmerlohn			
Kalkulatorische Zinsen			
Kalkulatorische Abschreibungen			
Summe			

1 G'jahr = Geschäftsjahr

d) Errechnung der Bestandsveränderungen an fertigen Erzeugnissen

	Stadtrad SR 5	Trekkingrad TR 3	Mountainbike MB 7	Summe
Planherstellungskosten (€/Stück)	125,00	130,00	220,00	–
geplanter Lagerabbau (Stück)				–
Planherstellungskosten (€/Summe)				

Planergebnistabelle, neues Geschäftsjahr

Geschäftsbuchführung				Kosten- und Leistungsrechnung					
Erfolgsbereich				Abgrenzungsbereich				Kosten- und Leistungsbereich	
				Unternehmensbez. Abgrenzungen		Kostenrechnerische Korrekturen			
Kto.-Nr.	Konten	Aufwendungen	Erträge	Aufwendungen	Erträge	Aufwendungen	Erträge	Kosten	Leistungen
5000	Umsatzerlöse f. e. E.								
5202	Bestandsveränderungen an FE								
5401	Nebenerlöse aus Vermietung und Verpachtung								
5710	Zinserträge								
5800	Außerordentliche Erträge								
6000	Aufwendungen für Rohstoffe								
6010	Aufwendungen für Fremdbauteile								
6020	Aufwendungen für Hilfsstoffe								
6030	Aufwendungen für Betriebsstoffe								
6100	Aufwendungen für bezogene Leistungen								
6200	Löhne								
6300	Gehälter								
6400	AG-Anteil zur Soz.-Vers. (LB + GB)								
6520	Abschreibungen auf Sachanlagen								
6700	Mieten, Pachten								
7510	Zinsaufwendungen								
7600	Außerordentliche Aufwendungen								
	Kalkulatorischer Unternehmerlohn								
	Kalkulatorische Zinsen								
	Kalkulatorische Abschreibungen								
		Gesamtgewinn		Gewinn aus unternehmensbezogenen Abgrenzungen		Verlust aus kostenrechnerischen Korrekturen		Betriebsgewinn	

e) Überprüfung der betriebswirtschaftlichen Zielvorgaben

f) Finanzplan

	Planzahlen (€)
Anfangsbestand an liquiden Mitteln	
Umsatzerlöse f. e. E.	
Nebenerlöse aus V. u. V.	
Zinserträge	
Außerordentliche Erträge	
Anfangsbestand an liquiden Mitteln + Einnahmen	
Aufwendungen für Rohstoffe	
Aufwendungen für Fremdbauteile	
Aufwendungen für Hilfsstoffe	
Aufwendungen für Betriebsstoffe	
Aufwendungen für bezogene Leistungen	
Löhne	
Gehälter	
AG-Anteil zur Sozialversicherung (LB + GB)	
Mieten, Pachten	
Zinsaufwendungen	
Außerordentliche Aufwendungen	
geplante Investitionen	
Privatentnahmen	
Fremdkapitaltilgungen	
Summe der Ausgaben	
geplanter Endbestand an liquiden Mitteln	

g) Soll-Ist-Vergleich beim Absatzplan

		Stadtrad SR 5	**Trekkingrad TR 3**	**Mountainbike MB 7**	**Summe**
neues G'jahr[1] (Istzahlen)	Istabsatzmenge (Stück)	21 600	20 250	19 690	–
	Istverkaufspreis (€)	220,00	220,00	364,00	–
	Istumsatz (€)				
neues G'jahr[1] (Planzahlen)	Planabsatzmenge (Stück)				–
	Planverkaufspreis (€)				–
	Planumsatz (€)				
neues G'jahr[1] (Abweichungen)	Absatzmenge (Stück)				–
	Verkaufspreis (€)				–
	Umsatz (€)				

1 G'jahr = Geschäftsjahr

Fortsetzung von Aufgabe 6 g)

zu g)

h) Soll-Ist-Vergleich beim Produktionsplan

		Stadtrad SR 5	Trekkingrad TR 3	Mountainbike MB 7
	Ist-SB Lager (Stück) + Istabsatzmenge (Stück) – Ist-AB Lager (Stück)	3 030 21 600 3 680	1 480 20 250 1 960	3 990 19 690 4 790
Istzahlen	Istproduktionsmenge (Stück)			
Planzahlen	Planproduktionsmenge (Stück)			
Abweichungen	Produktionsmenge (Stück)			

i) Errechnung der wertmäßigen Bestandsveränderungen

	Stadtrad SR 5	Trekkingrad TR 3	Mountainbike MB 7	Summe
Ist-SB Lager (Stück) Ist-AB Lager (Stück)	3 030 3 680	1 480 1 960	3 990 4 790	– –
Istlagerabbau (Stück)				–
Istherstellungskosten (€)	126,00	128,00	221,00	–
Istlagerabbau (€)				

j) Soll-Ist-Vergleich beim Kostenplan

	Istkosten (€)	Plankosten (€)	Abweichungen (€)
6000 Aufwendungen für Rohstoffe			
6010 Aufwendungen für Fremdbauteile			
6020 Aufwendungen für Hilfsstoffe			
6030 Aufwendungen für Betriebsstoffe			
6100 Aufwendungen für bezogene Leistungen			
6200 Löhne			
6300 Gehälter			
6400 AG-Anteil zur Sozialversicherung (LB + GB)			
6700 Mieten, Pachten			
Kalkulatorischer Unternehmerlohn			
Kalkulatorische Zinsen			
Kalkulatorische Abschreibungen			
Summe			

Fortsetzung von Aufgabe 6 j)

zu j)

k) Soll-Ist-Vergleich beim Ergebnisplan

l) Soll-Ist-Vergleich beim Finanzplan

	Istzahlen (€)	Planzahlen (€)	Abweichungen (€)
Anfangsbestand an liquiden Mitteln			
Umsatzerlöse f. e. E.			
Nebenerlöse aus V. u. V.			
Zinserträge			
Außerordentliche Erträge			
Anfangsbestand an liquiden Mitteln + Einnahmen			
Aufwendungen für Rohstoffe			
Aufwendungen für Fremdbauteile			
Aufwendungen für Hilfsstoffe			
Aufwendungen für Betriebsstoffe			
Aufwendungen für bezogene Leistungen			
Löhne			
Gehälter			
AG-Anteil zur Sozialversicherung (LB + GB)			
Mieten, Pachten			
Zinsaufwendungen			
Außerordentliche Aufwendungen			
Investitionen			
Privatentnahmen			
Fremdkapitaltilgungen			
Summe der Ausgaben			
Endbestand an liquiden Mitteln			

Fortsetzung von Aufgabe 6 l)

zu l)

7.2 Die flexible Plankostenrechnung

Aufgabe 4

Kostenstellenplan			**Kostenstelle:**			
Planbezugsgröße: **Planbeschäftigung:**						
Kostenarten	**Planverrech-nungsmenge**	**Planpreis je Einheit**	**Plankosten insgesamt**	**Variator**	**Plankosten**	
					fix	**proportional**
Fertigungslöhne						
Hilfslöhne						
Hilfs- und Betriebsstoffe						
Energiekosten						
kalk. Abschreibungen						
Summe der Plankosten						
Plankostenverrechnungssatz:						

7.3 Die Grenzplankostenrechnung

Aufgabe 2

Kostenstellenplan					Fertigungskostenstelle 1
Planbezugsgröße: **Planbeschäftigung:**					
Kostenarten	**Planverrechnungsmenge**	**Planpreis je Einheit**	**Plankosten**		
			Gesamtkosten	**Fixkosten**	**proportionale Kosten**
Fertigungslöhne					
Hilfslöhne					
Hilfs- und Betriebsstoffe					
Energiekosten					
kalk. Abschreibungen					
Summe der Plankosten					
proportionaler Plankostenverrechnungssatz:					

Aufgabe 4

Kostenstellenabrechnung					Fertigungskostenstelle II
Planbezugsgröße: **Fertigungslohnstunden**			**Planbeschäftigung:** **Istbeschäftigung:**		**Fertigungslohnstunden** **Fertigungslohnstunden**
Kostenarten	**Fixkosten**	**Proportionale Kosten**			**Verbrauchsabweichung**
		Plankosten	**Sollkosten**	**Istkosten**	
Fertigungslöhne					
Hilfslöhne					
Hilfs- und Betriebsstoffe					
Energiekosten					
Summe					

Aufgabe 4 (Für die Zahlen in den Klammern)

Kostenstellenabrechnung					Fertigungskostenstelle II
Planbezugsgröße: **Fertigungslohnstunden**			**Planbeschäftigung:** **Istbeschäftigung:**		**Fertigungslohnstunden** **Fertigungslohnstunden**
Kostenarten	**Fixkosten**	**Proportionale Kosten**			**Verbrauchsabweichung**
		Plankosten	**Sollkosten**	**Istkosten**	
Fertigungslöhne					
Hilfslöhne					
Hilfs- und Betriebsstoffe					
Energiekosten					
Summe					

Aufgabe 6

Kostenstellenabrechnung für Monat: Mai 20..					Kostenstelle: Schlosserei
Planbezugsgröße: Fertigungslohnstunden		Planbeschäftigung: Istbeschäftigung:			2 800 Fertigungslohnstunden 2 240 Fertigungslohnstunden
Kostenarten	Fixkosten	Proportionale Kosten			Verbrauchsabweichung
		Plankosten	Sollkosten	Istkosten	
Fertigungslöhne	–	88.000,00			
Hilfslöhne	35.000,00	10.000,00			
Hilfs- und Betriebsstoffe	2.000,00	1.500,00			
Energiekosten	1.500,00	6.000,00			
kalk. Abschreibungen	30.000,00	8.000,00			
Summe	**68.500,00**	**113.500,00**			

Aufgabe 7

Kostenstellenabrechnung für Monat: Juni 20..					Fertigungskostenstelle 1
Planbezugsgröße: Fertigungslohnstunden		Planbeschäftigung: Istbeschäftigung:			Fertigungslohnstunden Fertigungslohnstunden
Kostenarten	Fixkosten	Proportionale Kosten			Verbrauchsabweichung
		Plankosten	Sollkosten	Istkosten	
Fertigungslöhne					
Hilfslöhne					
Hilfs- und Betriebsstoffe					
Energiekosten					
kalk. Abschreibungen					
Summe					

Aufgabe 8

Kostenstellenabrechnung für Monat: August 20..					Fertigungskostenstelle 2
Planbezugsgröße: Fertigungslohnstunden		Planbeschäftigung: Istbeschäftigung:			Maschinenstunden Maschinenstunden
Kostenarten	Fixkosten	Proportionale Kosten			Verbrauchsabweichung
		Plankosten	Sollkosten	Istkosten	
Fertigungslöhne					
Hilfslöhne					
Hilfs- und Betriebsstoffe					
Energiekosten					
kalk. Abschreibungen					
Summe					

8 Die Prozesskostenrechnung

Aufgabe 1

a)

Kostenstelle: Einkauf Hauptprozess: Beschaffung von Roh-, Hilfs- und Betriebsstoffen						
Kostentreiber/ Teilkostenprozess	**Typ**	**Prozesskosten pro Jahr**	**Prozessmenge pro Jahr**	**Prozesskostensatz (lmi)**	**Umlagesatz (lmn)**	**Gesamtprozesskostensatz (lmi + lmn)**
Anzahl der bearbeiteten Angebote	lmi	300.000,00 €	6 000			
Anzahl der aufgegebenen Bestellungen	lmi	72.000,00 €	8 000			
Bestelltermine verfolgen	lmi	56.000,00 €	8 000			
Anzahl der bearbeiteten Reklamationen	lmi	30.000,00 €	500			
Pflege der Lieferanten-stammdaten	lmi	18.000,00 €	3 000			
Abteilungsleitung	lmn	80.000,00 €	–	–	–	–

b)

Hauptkostenprozess: Auftragsabwicklung für den Auftrag II		
Kostentreiber/Teilkostenprozess	**Kostenstelle**	**Gesamtprozesskostensatz**
Anzahl der bearbeiteten Angebote	Einkauf	
Anzahl der aufgegebenen Bestellungen	Einkauf	
Bestelltermine verfolgen	Einkauf	
Anzahl der Lagereingänge	Lager	
Anzahl der Materialprüfungen	Lager	
Anzahl der Buchungen	Buchhaltung	
Anzahl der Angebote	Vertrieb	
Anzahl der Verkaufsgespräche	Vertrieb	
Anzahl der zusammengestellten und geprüften Lieferungen	Versand	
Anzahl der Auslieferungen	Versand	
Hauptprozesskostensatz		

c)

Aufgabe 1 (Für die Zahlen in den Klammern)

a)

Kostenstelle: Einkauf Hauptprozess: Beschaffung von Roh-, Hilfs- und Betriebsstoffen						
Kostentreiber/ Teilkostenprozess	**Typ**	**Prozesskosten pro Jahr**	**Prozessmenge pro Jahr**	**Prozesskostensatz (lmi)**	**Umlagesatz (lmn)**	**Gesamtprozesskostensatz (lmi + lmn)**
Anzahl der bearbeiteten Angebote	lmi	240.000,00 €	8 000			
Anzahl der aufgegebenen Bestellungen	lmi	77.000,00 €	11 000			
Bestelltermine verfolgen	lmi	49.000,00 €	7 000			
Anzahl der bearbeiteten Reklamationen	lmi	35.000,00 €	700			
Pflege der Lieferanten-stammdaten	lmi	28.000,00 €	4 000			
Abteilungsleitung	lmn	75.000,00 €	–	–	–	–

b)

Hauptkostenprozess: Auftragsabwicklung für den Auftrag II		
Kostentreiber/Teilkostenprozess	**Kostenstelle**	**Gesamtprozesskostensatz**
Anzahl der bearbeiteten Angebote	Einkauf	
Anzahl der aufgegebenen Bestellungen	Einkauf	
Bestelltermine verfolgen	Einkauf	
Anzahl der Lagereingänge	Lager	
Anzahl der Materialprüfungen	Lager	
Anzahl der Buchungen	Buchhaltung	
Anzahl der Angebote	Vertrieb	
Anzahl der Verkaufsgespräche	Vertrieb	
Anzahl der zusammengestellten und geprüften Lieferungen	Versand	
Anzahl der Auslieferungen	Versand	
Hauptprozesskostensatz		

c)

S	H

S	H

S	H

S	H

S	H

S	H

S	H

S	H

S	H

S	H